ÉNUMÉRATION

DES PLANTES VASCULAIRES

DU

DISTRICT DE PORRENTRUY.

ÉNUMÉRATION

DES

PLANTES VASCULAIRES

DU

DISTRICT DE PORRENTRUY.

Extrait des Archives de la Société jurassienne d'émulation.

Vale, lector amice ; sylvas rura que læte
peragra et scientiam amabilem auge.

DECANDOLLE.

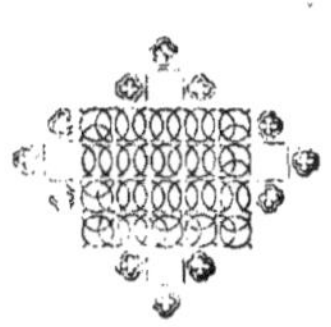

PORRENTRUY,

IMPRIMRIE ET LITHOGRAPHIE DE V^{or} MICHEL.

—

1848.

NOTICE PRÉLIMINAIRE.

E_N m'occupant d'un travail (¹) sur la *géographie botanique de la chaine du Jura*, j'ai eu à utiliser, relativement à diverses parties de ces montagnes, des·matériaux détaillés dont je n'ai pu employer que les indications générales. C'est, par exemple, le cas pour le Jura bernois, et notamment pour sa partie la moins connue des botanistes suisses, le district de Porrentruy. Il m'a paru qu'il ne serait pas inutile de consigner quelque part ces données de détail qui pourraient, soit servir aux herborisations locales, soit compléter les renseignemens consignés dans les Flores helvétiques. En outre, on sait que ces sortes de *florules* ne laissent pas d'offrir des termes de comparaison importans à la géographie botanique.

Les plus anciens observateurs qui aient visité cette par-

(¹) Ce travail, qui est entièrement terminé, sera sous peu livré à l'impression.

tie si négligée du territoire suisse, sont les Bauhin et Lachenal qui en ont fait connaître quelques espèces. Parmi les botanistes postérieurs, on trouve à peine quelques traces d'excursions poussées dans nos environs, chez Haller, Clairville et Suter. M. Schleicher et MM. Thomas paraissent aussi y avoir fait une apparition, et il en est de même, plus récemment, de M. Babey. Le petit nombre de données qu'ils fournissent se réduit à fort peu de chose.

Nous ne connaissons aucun observateur du pays qui, sous le régime de la Principauté, se soit occupé de notre flore; Gagnebin qui a fourni de nombreux renseignemens à Haller, relativement à nos vallées et montagnes du Jura bernois méridional, ne paraît pas s'être occupé des environs de Porrentruy. La création de l'Ecole centrale du département du Monterrible sous le régime français, et celle d'un jardin botanique trop éphémère, sous la direction du professeur Lémane, n'ont également laissé aucune trace appréciable en fait de documens relatifs à la flore du pays. Mais elles ont, en revanche, éveillé le goût de la botanique chez quelques personnes qui, plus tard, le transmirent à d'autres : de ce nombre il faut citer le professeur Bandinelli qui s'y voua avec zèle, mais sans avoir à sa disposition les ouvrages nécessaires pour le faire d'une manière fructueuse. Les herborisations de Watt, fort bien dirigées du reste, ne se sont pas étendues à nos environs, et sont, en outre, demeurées inutiles faute de publication. Le premier observateur local qui ait fait une étude suivie et éclairée de notre florule est feu le professeur Lapaire qui, durant longues années, seul, et avec le secours d'ouvrages fort imparfaits, mit une grande persévérance à recueillir, déterminer et dessiner une notable partie des espèces de la contrée (¹). Ce citoyen , éminemment utile et actif, communiqua également le goût des herborisations à plusieurs de ses amis. Dès 1827, j'avais entrepris la même étude, commencé un herbier du Jura et un catalogue de ces espèces. Vers la même époque , plusieurs amateurs s'étaient également formés , et contri_ buaient insensiblement à étendre la connaissance des habitations qui , comme on le sait, s'enrichit souvent d'une manière imprévue d'observations peu importantes au premier abord ; de ce nombre je citerai MM. Parrat, Montandon, Schweizer et V. Gouvernon. L'établissement d'un nouveau jardin botanique qui eut lieu en 1833, à la suite des réformes apportées dans l'instruction publique , et qui fut surtout secondé par les efforts de M. Stockmar, alors préfet de Porrentruy, vint donner une nouvelle impulsion et amena dans cette ville un habile jardinier-botaniste, M. Friche-Joset. Cet excellent observateur qui avait parcouru une grande partie de la Suisse , d'abord sous la direction de Watt, puis seul, avait déjà fourni à la flore helvétique d'utiles renseignemens consignés par M. Hagenbach dans sa flore bâloise : ils étaient surtout relatifs aux environs de Soleure et de Delémont, villes que M. Friche avait habitées; bien que le district de Porrentruy lui fût moins connu, les environs de Bonfol n'avaient pas été négligés. Bientôt nous arrêtâmes en commun le projet d'une *Enumération* des plantes de toute la chaîne du Jura , où seraient groupés tous nos renseignemens particuliers , et le jardin fut disposé conformément à ce plan pour représenter toutes les espèces jurassiques. En 1838 , une partie

(¹) Une partie de ses dessins se trouvent à la Bibliothèque de l'école normale.

de ce catalogue était prête : quelques feuilles même **en** furent imprimées et présentées à la réunion de la Société géologique de France. Toutefois, les données relatives à la flore du district de Porrentruy, n'y étaient consignées que d'une manière générale. Malheureusement, diverses circonstances firent abandonner ce commencement d'exécution, et le départ de M. Friche m'engagea à reprendre le travail à moi seul, d'où résulta l'énumération qui accompagnera mon ouvrage sur la géographie botanique du Jura. Les renseignemens recueillis par M. Friche ont pu être utilisés au moyen des copies de son catalogue qu'il a laissées à ses amis (¹), et nous y avons puisé un bon nombre d'indications relatives à notre district.

Cependant, l'existence d'un jardin à Porrentruy et son but monographique y avaient amené la visite de plusieurs botanites suisses et français, dont les relations devaient rendre plus d'un service à notre florule, par les échanges **et** communications d'usage en pareil cas. De ce nombre furent, par exemple, MM. Roth, de Soleure ; Chapuis, de Boudry ; Lequereux, de Fleurier ; Wetzel, de Montbéliard ; Shuttelworth et Kuttnik, de Berne, **et surtout** Grenier, de Besançon, l'un des deux éminens auteurs de la nouvelle *Flore française*. En outre, dans les dernières années qui ont précédé et suivi 1840, quelques jeunes botanistes s'étaient formés et contribuèrent à compléter l'exploration du district : parmi ceux-ci il faut citer

---

(¹) Des fragmens de ce catalogue nous ont été communiqués par M. l'inspecteur Amuat. M. Friche n'avait pas abandonné son projet de publication dans lequel il était secondé par M. Weisser, et il en avait inséré l'annonce dans les journaux, lorsqu'une mort prématurée vint l'enlever à la science.

M. Weisser, puis MM. Jolissaint, Paroz, Pagnard, anciens élèves de l'école normale; le dernier principalement, recueillit plusieurs observations intéressantes. L'arrivée à Porrentruy d'un nouveau botaniste, M. Vernier, et les notes fournies par ses herborisations vinrent encore augmenter notre florule de beaucoup d'espèces inobservées avant lui. Enfin, divers renseignemens complémentaires relatifs à la végétation forestière furent dûs à M. Marchand, conservateur général, et à M. l'inspecteur Amuat. J'ajouterai qu'ayant, durant longues années, parcouru le pays en tous sens, et fait des séjours plus ou moins prolongés sur plusieurs de ses points, j'ai pu réunir moi-même un grand nombre de données locales, puis vérifier, et coordonner plus aisément tous les matériaux déjà acquis.

Ce petit catalogue a donc pour but d'arrêter l'état des observations recueillies jusqu'à présent sur les plantes qui croissent dans nos environs afin, qu'elles ne soient pas perdues pour les après-venants, et qu'elles puissent au contraire leur servir de direction. Il embrasse le district de Porrentruy rigoureusement circonscrit à ses limites, et sur lequel nous devons donner quelques indications topographiques pour rendre intelligible l'ordre de distribution qu'y présentent le sespèces végétales. Il s'étend au pied de la première chaine du Jura qu'il comprend encore, et on peut y distinguer plusieurs parties.

1° *La montagne.* C'est la chaine du Monterrible depuis Roche-d'or où elle atteint 950 mètres d'altitude, jusqu'aux Côtes au-dessus des Rangiers qui s'élèvent à 1,006 mètres, les parties intermédiaires étant un peu moins élevées. Cette chaine d'une configuration assez accidentée et presque entièrement calcaire, est formée d'une sorte de voûte flanquée de massifs, terminés par des rochers ou des *crêts* et interceptant des *combes* allongées occupées par des terrains marneux. On saisit bien cette structure dans le profil de Villars à Ocourt, ou de Bressaucourt à Bremoncourt, mais, plus à l'est, les accidents se modifient un peu. Les versants sont le plus souvent couverts de forêts, les voûtes occupées par des prés secs, les combes par des prés humides, et les crêts par une végétation saxicole. Les versants sont, en outre, divisés de distance en distance par des ravins profonds souvent nommés *ruz*, et les voûtes déchirées par des amphitéâtres rocheux que nous nommerons *cirques.* Le Doubs coule au pied sud de la chaîne du Monterrible en formant le Val de St-Ursanne, et, de l'autre côté, s'étend la chaîne du Clôs qui n'appartient plus à notre district, mais que nous citerons quelquefois : elle se joint sous un angle aigu à la première aux environs de la Caquerelle ; une troisième chaîne part de ce même dernier endroit en se dirigeant vers St.-Braix, et nous donnerons aussi quelques-unes de ses localités. Enfin depuis les Côtes s'étend encore dans la direction du nord une succession de reliefs montagneux au dessus d'Azuel, Pleujouse, Charmoille et Levoncourt.

Ces montagnes offrent à côté de la végétation de la plaine un certain nombre d'espèces montagneuses. La plupart habitent les ravins profonds ou les rochers élevés que nous serons forcés de désigner par leurs noms locaux. Ainsi nous aurons à citer dans la chaîne du Monterrible les *ruz de Vâ-Berbin, de la Balme, des Seignes, de Vâ-Benoz de la Combaz, du Pichoux, d'Azuel;* puis les *cirques de Chexbres, Sous-les-Roches, Grangegiéron;* les *crêts de Roche-d'or, Chételaz, Fallaz, la Croix, Jules-César, Montgre-*

may, *St-Ursanne*; les *combes de Montvoie*, *Valbert*, *En-sonlemont*, *Brère*, *Mouillard*, *la Croix*, *les Cerneux*; enfin des voûtes ou culminances de la *Faux-d'Enson*, des *Chaignons*. Dans la chaîne du Clôs nous signalerons parfois *le crêt du Trembiaz*, *le ruz de même nom*, *le cirque de la Caquerelle*. Dans celle de St.-Braix nous parlerons des *crêts de Bosnières* et *de Moébré*, de la *combe du Bez*. En-outre, nous indiquerons çà et là d'une manière plus générale sous le nom de *Côtes-du-Doubs* les pentes accidentées qui dominent cette rivière au nord et au sud.

2° *Les plateaux* comprennent toutes les plaines élevées coupées par la vallée de la Halle, c'est-à-dire, d'un côté, la contrée vers le centre de laquelle se trouve Bure, et de l'autre celle qui meurt en pente vers Vandelincourt, Bonfol, Alle et Miécourt. Ils sont en général formés de calcaires très-perméables, et partant, privés d'eau et de sources, ce qui exerce une influence notable sur leur végétation. Ils sont occupés par des cultures, puis par des fôrets assez étendues et par quelques landes arides. Leur flore est la moins remarquable du district.

3° *Le bassin de Bonfol*: il est formé par des terrains argileux peu perméables et, par conséquent, aisément humides et inondés, ce qui y favorise une végétation particulière différente de celle des plateaux. Il s'étend de Vandelincourt à Beurnevaisin, occupé dans ses parties basses par plusieurs étangs et par des prés marécageux: c'est la partie de notre flore la plus riche en espèces rares pour la Suisse, bien qu'elles soient habituelles à la vallée du Rhin dont le bassin de Bonfol n'est qu'une sorte de golfe. La petite *vallée de Cœuve*, Lugney et Damphreux qui porte à peu près le même caractère peut en être envisagée comme une annexe. On peut en rapprocher aussi le *bassin* d'*Alle* qui comprend la plaine située entre la montagne d'un côté, Courgenay, Alle et Miécourt de l'autre : sa végétation est analogue à celle du bassin de Bonfol bien que moins nettement exclusive. Enfin la *lisière alsatique* qui, partant du bassin de Bonfol, limite au nord les plateaux et les collines par Fetterouse, Rechésy, Florimont, Faverois, Delle, Fèche l'Eglise est encore formée des mêmes terrains limoneux et caillouteux : ils donnent lieu à des contrastes continuels entre leur végétation spéciale et celle des massifs calcaires qu'ils entourent en traçant à peu près la frontière française.

4° *La vallée de la Halle* sillone profondément d'Alle à Delle le système des plateaux. Le fond en est occupé par des terrains souvent argileux avec la végétation des prairies, et elle est bordée de part et d'autre de pentes calcaires plus ou moins rocheuses qui portent presque partout le nom de *côtes*, comme à Porrentruy, Pont-d'able, Courchavon, Courdemaiche, Buix, etc. Elles sont fréquemment interrompues par des vallons qui descendent desplateaux et qu'on appelle le plus souvent *combes*; telles sont les combes *aux Juifs, Sarmère, Varieux, de Mormont, de la Creulle, de Lavaux* etc. On y voit aussi des rochers avec grottes offrant une station végétale particulière, comme celles de Courchavon et Grandgourt. La vallée qui s'étend de Porrentruy au *Creux-Genaz* et plus loin, par Chevenez, Réclère, Damvant est inégalement bornée au nord par des côtes semblables offrant des caractères analogues. Enfin, au sud de Porrentruy, s'étend un petit système de collines calcaires dont la végétation est la même que celle des côtes qui terminent les plateaux : ce sont *Mâvaloz, l'Oiselier, la*

Perche , *le Banné* , et *Ermont* que nous aurons souvent à signaler, soit en particulier, soit en général sous la désignation générale de *collines*.

Parmi les forêts qui occupent nos environs , nous en indiquerons quelques-unes plus spécialement, savoir: le *Grand Fahy*, le *Petit Fahy* , le *Noir-Bois* , le *Bois d'Eté* , le *Bois-sur-les-Côtes*, les *Bois d'Alle* , de *Vandelincourt* , de *Bonfol*, etc. Parmi les pâturages couverts de bruyères formant des landes à signaler, nous remarquons ceux des *Crâz*, de *Theodoncourt* et de *Fahy*. Enfin parmi les masses en culture nous indiquerons quelquefois celles des environs de Porrentruy par leurs noms banaux, comme la *Haute-fin* , la *Grand-fin*, la *Bouloie*, etc.

Ces principales catégories de localités, la montagne, les plateaux , la région de Bonfol et les lisières alsatiques, les côtes et collines offrent chacune un ensemble de plantes qui leur sont plus particulières et dont nous allons dire un mot.

Les espèces les plus remarquables qui habitent les sols argileux du Bassin de Bonfol et manquent généralement sur les plateaux et les collines sèches sont: *Ranunculus flammula* , *Stellaria holostea* , *Hypericum humifusum* , *Genista germanica*, *Trifolium agrarium* , *Lotus uliginosus* , *Hieracium boreale, Senecio sylvaticus, Quercus sessiliflora, Betula alba, Alnus glutinosa, Orchis latifolia, Salix aurita, Juncus sylvaticus, J. capitatus, Luzula albida, L. multiflora. Carex brizoides, Holcus mollis, Triodia decumbens, Aira cæspitosa, Festuca heterophylla*, auxquels il faut ajouter sur les lisières alsatiques, *Hypericum pulchrum, Orobus tuberosus, Lythrum hyssopifolia, Senecio aquaticus, Digitalis purpurea, Sarothamnus scoparius*, etc. Cependant plusieurs de ces plantes se retrouvent aussi çà et là sur les parties des plateaux occupées par des lambeaux de terrain argileux ; tels sont les *Hypericum*, *Genista*, *Trifolium*, *Lotus*, *Quercus*, *Holcus*, etc., déjà cités plus haut. — Les étangs fournissent les espèces les plus caractérisques de cette région : *Ranunculus aquatilis*, *R. sceleratus*, *Nymphea alba*, *Nuphar luteum*, *Nasturtium amphibium*, *Stellaria uliginosa*, *Comarum palustre*, *Myriophyllum*, *Hippuris*, *Ceratophyllum*, *Peplis*, *Menyanthes*, *Littorella*, *Sagittaria*, *Triglochin*, *Potamogeton*, *Acorus*, *Phragmites*, *Bidens cernua*, *Taraxacum palustre*, *Myosotis cœspitosa*, *Veronica scutellata*, *Pedicularis palustris*, *Polygonum mite*, *Sparganium simplex*, *Cyperus flavescens*, *C. fuscus*, *Scirpus setaceus*, *Heleocharis acicularis*, *Carex pulicaris*, *C. paniculata*, *C. paradoxa*, *Nardus*, *Leersia*, *Marsilea*, etc. La plupart de ces plantes se retrouvent partout dans la région stagnale qui forme la lisière alsatique, comme, par exemple, aux environs de Ferrette, Courtavon, Fetterouse, Faverois, Grandvillars, etc. On en voit aussi quelques-unes dans la vallée de Cœuve et dans celle de la Halle. — Enfin, les champs de ces contrées argileuses offrent aussi quelques espèces à citer, comme *Gypsophila muralis*, *Alsine segetalis*, *A. rubra*, *Spergula arvensis*, *Lathyrus nissolia*, *Filago gallica*, *Euphrasia odontites*, etc.

Les champs des plateaux et collines n'offrent que quelques plantes intéressantes, comme *Delphinium consolida*, *Fumaria Vaillantii*, *Iberis amara*, *Saponaria vaccaria*, *Ervum hirsutum*, *Lathyrus hirsutus*, *Caucalis daucoides*, *Orlaya grandiflora*, *Carum bulbocastanum*, *Centaurea solstitialis*, *Barkhausia setosa*, *Passerina annua*, *Gagea arvensis*, etc. — La végétation des forêts de sapin et de hêtre y montre déjà, bien qu'infréquentes, quelques-unes des espèces montagneuses qui deviennent habituelles dans la chaîne du Monterrible ; ce sont : *Actæa spicata*, *Dentaria pinnata*, *Impatiens noli tangere*, *Adenostyles albifrons*, *Senecio nemorensis*, *Veronica montana*, *Rumex nemorosus*, *Daphne mezereum*, *Asarum europeum*, *Euphorbia amygdaloides*, *E. dulcis*, *Carex remota*, *Elymus europeus*, *Monotropa*, *Lathræa*, etc. — La flore des bois de chêne est assez pauvre, tantôt analogue à celle des côtes, tantôt à celle des landes un peu argileuses sur lesquelles on les voit souvent reposer. — Les côtes qui terminent les plateaux forment des stations souvent sèches, arides et chaudes, où se trouvent les plantes de la contrée à caractère le plus méridional ; il en est de même des collines. Voici quelques-unes de ces plantes. *Ranunculus nemorosus*, *Helleborus fœtidus*, *Polygala comosa*, *Rosa rubiginosa*, *Ribes alpinum Buplevrum falcatum*, *Peucedanum Chabræi*, *Seseli montanum*, *Inula salicina*, *Conyza squarrosa*, *Cirsium acaule*, *Carlina acaulis*, *Taraxacum lævigatum*, *Sedum fabaria*, *Cynanchum*, *Gentiana cruciata*, *G. ciliata*, *Verbascum Schraderi*, *V. lychnitis*, *Digitalis lutea*, *Veronica prostrata*, *Calamintha officinalis*, *Melittis melissophyllum*, *Prunella grandiflora*, *P. alba*, *Teucrium chamœdrys*, *Stachys recta*, *Sedum sexangulare*, *Euphorbia verrucosa*, *Orchis militaris*, *O. ustulata*, *Anacamptis pyramidalis*, *Ophrys arachnites*, *O. muscifera*, *O. apifera*, *Allium oleraceum*, *Scilla bifolia*, *Melica uniflora*, et quelques autres à caractère plus méridional encore, telles que *Buxus sempervirens*, *Coronilla emerus*, *Orobus niger*, *Carex alba*, *Melica ciliata*, etc.

La végétation de la montagne est particulièrement spéciale. C'est dans ses bois que l'on trouve, avec les espèces citées tout-à-l'heure comme disséminées dans ceux des plateaux, et qui y sont devenues plus habituelles, les *Ranunculus aconitifolius*, *Aconitum lycoctonum*, *Geranium sylvaticum*, *Spiræa aruncus*, *Lonicera nigra*, *L. alpigena*, *Petasites albus*, *Vaccinium myrtillus*, *Daphne laureola*, *Convallaria verticillata*, *Carex ornithopoda*, *C. digitata*, *C. maxima* etc. C'est dans ses ruz profonds, rocheux et ombragés que l'on recueille les *Lunaria rediviva*, *Mœhringia muscosa*, *Stellaria nemorum*, *Circea alpina*, *Chrysosplenium alternifolium*, *C. oppositifolium*, *Chærophyllum hirsutum*, *C. cicutaria*, *Bellidiastrum Michelii*, *Campanula pusilla*, *Poa nemoralis montana* etc. Ses pâturages offrent les *Trollius europeus*, *Geum rivale*, *Astrantia major*, *Meum athamanticum*, *Cirsium rivulare*, *C. eriophorum*, *Centaurea montana*, *Crepis paludosa*, *C. succisæfolia*, *Phyteuma orbiculare*, *Gentiana lutea*, *G. verna*, *Pulmonaria angustifolia*, *Stachys alpina*, *Polygonum bistorta*, *Thesium pratense*, *Crocus vernus*, *Narcissus poeticus*, *Veratrum album*, *Carex montana* etc. Enfin ses crêts élancés présentent une végétation montagneuse sèche qui est la plus remarquable de cette partie du Jura, et qui porte comme celle des côtes un caractère un peu méridional. C'est surtout là que l'on trouve les *Arabis alpina*, *A. arenosa*, *A. turrita*, *Draba aizoides*, *Kernera saxatilis*, *Thlaspi montanum*, *Helianthemum grandiflorum*, *Geranium sanguineum*, *Rhamnus alpinus*, *Coronilla vaginalis*, *Rosa pimpinellifolia*, *Rosa alpina*, *Cotoneaster tomentosa*, *Aronia rotundifolia*, *Saxifraga aizoon*, *Libanotis montana*, *Athamanta cretensis*, *Laserpitium latifolium*, *Aster amellus*, *Carduus defloratus*, *Hieracium Jacquini*, *H. amplexicaule*, *Teucriun montanum*, *Anthericum ramosum*, etc.

Cette petite flore du district de Porrentruy, toute restreinte qu'elle est, ne laisse pas d'offrir un certain intérêt. D'un côté , elle présente aux botanistes alsaciens un bon nombre d'espèces jurassiques montagneuses, étrangères aux Vosges ; de l'autre , aux botanistes suisses , un assez grand nombre de plantes alsatiques, rares sur le territoire helvétique. En outre , les environs de Porentruy mettent bien en évidence les contrastes que la diversité des terrains géologiques, calcaires perméables et argileux imperméables produit dans la végétation.

Nous appelons l'attention des botanistes suisses sur quelques espèces plus ou moins rares pour la flore helvétique. De ce nombre sont *Fumaria Vaillantii*, *Alsine segetalis*, *Stellaria glauca*, *S. holostea*, *Seseli montanum*, *Atriplex latifolia*, *Lythrum hyssopifolia*, *Chrysosplenium oppositifolium*, *Alopecurus pratensis*, *Juncus capitatus*, *Daphne cneorum*, *Festuca loliacea*, *Myosotis cæspitosa* , *M. stricta*, *Rumex aquaticus*, *R. palustris*, *Trifolium scabrum*, *Marsilea quadrifolia*. J'ajouterai seulement quelques remarques sur deux ou trois autres espèces.

Digitalis purpurea. Cette espèce qui est abondante sur notre lisière alsatique entre Faverois, Delle et Fêche , mais sur territoire français, passe probablement la frontière suisse sur l'un ou l'autre point.

Anthriscus torquata. J'ai découvert cette plante en 1832, au cirque de Sous-les-Roches. L'ayant communiquée à M. Friche, il en envoya une série d'exemplaires à M. Thomas qui la répandit dans ses *exsiccata* sous le nom d'*A. torquata* , d'où elle est venue aux botanistes suisses et à M. Koch. J'en ai fait récemment un nouvel envoi à M. Thomas. C'est donc bien l'*A. torquata* Thom. équivalente selon M. Koch au *Chærophyllum alpinum* Vill. et à l'*A. sylvestris tenuifolia* DC : enfin ce n'est également pour M. Koch qu'u-

ne variété de son *A. sylvestris*, et point le véritable *A. tor-*
quata DC. Je ne saurais, quant à moi, envisager cette forme
comme une simple variété de l'*A. sylvestris*, et quiconque
l'aura observée *in loco*, partagera ma conviction. On la
distingue de cette espèce au premier coup d'œil, par sa tail-
le plus élevée, son feuillage élégamment lacinié et d'un
vert sombre, les teintes de sa tige etc. En outre sa station
l'en sépare également, car elle croît au pied de rochers
ombragés avec la *Mœhringia*, l'*Arabis alpina*, l'*Asple-*
nium viride, le *Senecio nemorensis* etc, et ne porte aucun
des caractères des dérivés stationels qui se développent à
l'ombre, tels que l'affaiblissement des teintes, l'arrondis-
sement des subdivisions foliaires etc. Cette plante mérite-
rait d'être de nouveau décrite, figurée et nommée, par un
botaniste descripteur compétent.

Heleocharis ovata R Br. Cette espèce est nouvelle pour la
flore suisse. Je l'ai recueillie aux étangs de Bonfol. Elle était
peu abondante sur le point où je l'ai observée, mais elle se
trouvera probablement ailleurs sur le vaste contour des
étangs. Je n'ai pas besoin de dire qu'il n'a pu me rester
aucun doute sur la spécification de cette plante si aisément
reconnaissable et fréquente du reste dans la vallée du Rhin.

Polygala calcarea Schultz. Cette espèce distinguée depuis quelques années seulement en France et en Allema-
gne, est très abondante sur nos collines. On ne saurait la
confondre avec ses congénères. Elle est également nouvelle pour la flore helvétique. Je l'ai reconnue en 1844, et en
ai envoyé une série d'exemplaires à M. Thomas.

Myosotis stricta Link. Cette espèce des plaines sabloneuses,
et qui a été à peine aperçue en Suisse où elle n'a été indi-
quée que vaguement par Hegetschweiler, croît abondam-

ment sur un point de nos collines où je ne l'ai observée qu'en 1848. On la retrouvera probablement ailleurs.

Sedum fabaria Koch. Cette espèce est bien distincte du *S. purpuraescens* K. et du *S. maximum* K.

Si nos voisins les botanistes alsaciens dirigent une excursion dans nos environs, ils y recueilleront en abondance dans une seule journée de promenade, un bon nombre d'espèces rares ou nulles dans les Vosges et la vallée du Rhin. Telles sont : *Arabis alpina*, *Draba aizoides*, *Kernera saxatilis*, *Thlaspi montanum*, *Polygala calcarea*, *Mœhringia muscosa*, *Rhamnus alpinus*, *Coronilla vaginalis*, *Cotoneaster tomentosa*, *Sedum fabaria*, *Astrantia major*, *Seseli montanum*, *Libanotis montana*, *Athamanta cretensis*, *Laserpitium latifolium*, *Chœrophyllum cicutaria*, *Lonicera alpigena*, *Valeriana montana*, *Bellidiastrum Michelii*, *Cirsium rivulare*, *Carduus defloratus*, *Carlina acaulis*, *Crepis succisœfolia*, *Hieracium Jacquini*, *H. amplexicaule*, *Campanula pusilla*, *Prunella alba*, *Daphne laureola*, *Euphorbia verrucosa*, *Anacamptis pyramidalis*, *Crocus vernus*, *Carex alba*, *Melica ciliata*, *M. uniflora*, etc. En outre le jardin de Porrentruy leur offrira beaucoup d'autres plantes intéressantes de la chaîne du Jura, comme : *Thalictrum angustifolium*, *Anemone sylvestris*, *Ranunculus platanifolius*, *R. lanuginosus*, *Erysimum ochroleucum*, *Alyssum montanum*, *Iberis saxatilis*, *Helianthemum apenninum*, *Viola elatior*, *Dianthus sylvestris*, *Acer opulifolium*, *Geranium phaeum*, *G. nodosum*, *G. pratense*, *Genista prostrata*, *Coronilla montana*, *Fragaria collina*, *Potentilla aurea*, *P. salisburgensis*, *P. micrantha*, *Rosa rubrifolia*, *Sedum fabaria*, *S. purpuracens*, *S. anopetalum*, *Saxifraga sponhemica*, *Eryngium alpinum*, *Bupleurum longifolium*, *Peucedanum cervaria*, *Heracleum alpinum*, *Laserpitium siler*,

*Anthriscus torquata, Chærophyllum aureum , Lonicera cœru-
lea , Centranthus angustifolius, Dipsacus laciniatus, Adenostyles alpina , Petasites albus , Cirsium erisithales , C. rigens ,
Hieracium prenanthoides , H. glaucum, Campanula latifolia ,
C. urticæfolia, Andromeda poliifolia, Cerinthe alpina, Rumex
aquaticus , R. palustris , R. arifolius , Salix daphnoïdes , S.
nigricans, Betula nana, Iris fœtidissima, Czackia liliastrum,
Ornithogalum sulfurerum, Luzula nivea, Carex Schreberi , C.
depauperata, Calamagrostis montana,* etc., espèces la plupart
négligées dans les grands jardins botaniques.

Je placerai ici une remarque destinée aux personnes qui
se serviront de ce petit catalogue pour se diriger dans
leurs herborisations. C'est qu'elles ne doivent pas oublier
que plusieurs plantes sont très fugaces , et pourraient bien
ne pas se retrouver aux lieux indiqués. C'est surtout
le cas pour celles des cultures. Ainsi on n'est pas certain
de retrouver les *Centaurea solstitialis , Delphinium consolida , Barkhausia setosa, Stachys arvensis,* dans les champs
où ils ont été vus de tems à autre , mais où ils réapparais-
sent à des époques imprévues. Les défrichemens ont fait
disparaitre quelques plantes, comme le *Jasiona montana*
qui croissait sur *les Crâz* avant la division en cantons.
Le *Conium maculatum* et le *Coriandrum sativum* ne
sont plus aux endroits où je les ai observés il y a quelques années. Le *Lithospermum purpuro-cœruleum* et le
Carduus personnata des côtes de la Sablière , sont actuelle-
ment envahis par de jeunes bois. Le *Bidens cernua* et le
Polygonum lapathifolium qui abondaient autour des anciens étangs de la ville ont disparu avec eux. Le *Xan-
thium strumarium* recueilli plusieurs années de suite à la
porte de Courtedoux, par M. Lapaire, n'y est plus. L'*Or-*

chis globosa et la *Gymnadenia odoratissima*, plantes qu'on ne saurait confondre avec leurs congénères et que j'ai collectées moi-même dans les pelouses d'Ermont, n'ont pas été revues dans ces dernières années. Enfin, le *Nasturtium sylvestre* et le *Hieracium Jacquini* observés autrefois par Lachenal, l'un dans les sables du Creux-Genaz, l'autre sur les murs même de la porte St-Germain en ont probablement disparu pour toujours, et appartiennent à l'*archéologie botanique* de notre florule.

Quoique le district de Porrentruy ait été beaucoup parcouru, il reste encore bien à faire à nos après-venants. Certaines parties de la contrée ont été explorées avec moins de soin. Tels sont les plateaux à bruyères de la région de Faby et Bure ; plusieurs points de la montagne, comme les ruz situés sous Plainmont et les rochers qui de cette ferme descendent vers le Doubs ; le Clos-du-Doubs n'a été visité qu'en quelques endroits, et il en est de même de la chaîne de St-Braix ; les environs de Cornol, le Papplemont, St-Gelin, le Fàtre sont peu connus ; quoi qu'on ait souvent herborisé aux environs de Bonfol, il reste probablement encore bien des choses à observer dans les laisses de ses étangs ; enfin les environs de Cœuve, Damphreux, Miécourt, Beurnevaisin et même Vandelincourt méritent d'être mieux étudiés.

Les genres qui devront être l'objet d'un examen plus approfondi et ont été jusqu'à présent le plus négligés, sont les *Carex, Potamogeton, Salix, Rubus, Rosa, Valerianella, Carduus, Cirsium, Mentha, Orobanche, Lemna, Chara*, etc.

Il y a des espèces dont il faudra constater la présence aux lieux indiqués par divers observateurs. Telles sont : *Ranunculus sceleratus, Helianthemum grandiflorum, Ceras-*

lium semidecandrum , *Cotoneaster vulgaris* , *Myriophyllum verticillatum*, *Ceratophyllum submersum* , *Pulicaria vulgaris* , *Lappa major*, *Chœrophyllum aureum* , *Utricularia vulgaris*, *Allium sphœrocephalum* , *Rumex aquaticus* , *Carex teretiuscula* , *C. elongata* , *Triodia decumbens* , *Festuca arundinacea* , *Primula auricula* , *Salix nigricans* ; la plupart laissent quelque doute.

Il y en a d'autres qu'il sera intéressant de visiter de nouveau, bien que leur présence n'admette aucune incertitude, comme : *Corydalis solida*, *Cheiranthus cheiri*, *Cardamine hirsuta*, *Thlaspi alpestre*, *Stellaria glauca*, *Malva moschata*, *Epilobium roseum*, *Circœa alpina*, *Vaccinium vitis-idœa*, *Stachys arvensis*, *Rumex palustris*, *Alnus incana*, *Himantoglossum hircinum* , *Gagea arvensis*, *Heleocharis ovata* , *Juncus capitatus*, etc.

Il importera de mieux déterminer l'extension de certaines espèces et la nature de leur station : de ce nombre sont : *Viola canina*, *Polygala calcarea*, *Seseli montanum*, *Acer platanoides*, *Onobrychis sativa*, *Rosa tomentosa*, *Sorbus torminalis*, *Anthriscus torquata*, *Hieracium vulgatum*, *Jasione montana*, *Fraxinus excelsior*, *Pulmonaria officinalis*, *P. angustifolia*, *Myosotis stricta*, *Verbascum thapsus*, *Euphorbia cyparissias*, *Ulmus campestris*, *Quercus sessiflora*, *Luzula albida*, *Carex brizoïdes* etc.

Enfin on trouvera probablement sur l'un ou l'autre point de la contrée quelques plantes qui ne figurent pas encore ou ne sont portées qu'avec doute dans notre florule ; telles sont *Reseda lutea*, *Drosera rotundifolia*, *Hypericum pulchrum*, *Orobus tuberosus* . *Pastinaca sativa* , *Prismatocarpus hybridus*, *Veronica latifolia* , *Lamium amplexicaule* , *Salix nigricans* , *Eriophorum angustifolium* , *Festuca heterophylla* ,

Lychnis vespertina, *Agrostis canina*, *Aira flexuosa*, etc.

Terminons par quelques mots destinés à expliquer l'usage de ce petit catalogue aux élèves de nos établissemens d'instruction qui commencent l'étude de la botanique. Il va sans dire qu'il ne saurait remplacer un ouvrage analytique et descriptif. Mais lorsqu'ils auront tenté la détermination d'une espèce, ils pourront, s'il y a lieu, lever toute incertitude relativement à son absence ou à sa présence dans la contrée, au moyen de notre *Enumération*; souvent encore les localités viendront à leur secours à cet égard.

Le canton de Berne et le Jura en particulier n'ayant pas encore de Flore spéciale, nous conseillons à ceux qui ne possèderaient pas quelque Flore suisse, germanique ou française, de se servir du *Guide du botaniste dans le canton de Vaud* par M. Rapin, ouvrage peu coûteux qui renferme à peu près toutes nos espèces avec beaucoup d'autres et contient une clef analytique.

Les buts d'herborisation, les plus riches en plantes intéressantes sont les suivans. Pour les espèces aquatiques et des terrains argileux, Bonfol, Vandelincourt et la lisière alsatique de Delle à Ferrette; pour les plantes des collines sèches, Ermont, Pont-d'able, Buix etc; pour celles des bois, le Grand et le Petit Fahy; pour celles des montagnes, les ruz des Seignes, de la Balme, de Và-Berbin, les crêts de Montgremay, St-Ursanne, La Croix, Fallaz, les cirques de Sous-les-Roches, Chexbres, les Côtes, les combes d'Ensonlemont, Montvoie, la Croix, les Rangiers etc.

Rappelons enfin aux élèves dans l'intérêt des déterminations, que le jardin renferme un représentant de chaque *genre*, jurassique, et que l'herbier confié en ce moment à

l'organisation de M. le professeur Feusier contiendra, outre un *genera* suffisamment riche pour donner une idée
de l'ensemble du règne végétal, une suite complète des
espèces de la chaîne du Jura.

Porrentruy, le 1er juillet 1848.

J. Thurman.

N. B. La nomenclature et la synonymie de l'*Enumération*
qui va suivre sont celles du *Synopsis floræ germanicæ et helve-
ticæ de* M. Koch, ouvrage classique qui est entre les mains de
tout le monde. Les désignations spécifiques sans nom d'auteur
sont linnéennes. Les plantes qui ne sont accompagnées de
l'indication d'aucune localité sont communes; les localités qui
sont suivies de *etc* sont données pour exemple; les autres espèces n'ont été observées qu'aux lieux désignés. Nous avons
quelquefois indiqué en abrégé le nom de l'observateur qui a
trouvé le premier certaines espèces : ce sout surtout MM. Lapaire, Friche et Vernier. Nous avons vu nous-mêmes, soit
dans leur localité, soit en exemplaires authentiques en prove-
nant, toutes les espèces marquées d'un !

N. B. Nous offrons aux botanistes suisses des plants en ra-
cines des *Anthriscus torquata* Thom., *Polygala calcarea* Schultz
et *Sedum fabaria* Koch ; puis des exemplaires desséchés de la
Myosotis stricta Link. S'adresser franco à M. Vernier, direc-
teur du jardin.

ÉNUMÉRATION DES PLANTES

DU

DISTRICT DE PORRENTRUY.

EXOGÈNES DICHLAMYDÉES THALAMIFLORES.

RENONCULACÉES.

Thalictrum aquilegifolium : prés-bois des bords du Doubs, à Bremoncourt. — *T. flavum* : saussaies des bords du Doubs, à St.-Ursanne, Ocourt, Vaufrey.

Clematis vitalba.

Anemone nemorosa. — *A. ranunculoides* : Sous-les-Côtes, Pont-d'Able, Courchavon, Creux-Genaz, etc.

Ranunculus ficaria. — *R. acris.* — *R. bulbosus.* — *R. auricomus.* — *R. nemorosus* DC. — *R. arvensis.* — *R. aquatilis*: Bonfol. — *R. fluitans* : Halle, Doubs, Canal de Pont-d'Able etc. — *R. flammula* : Bonfol etc. — *R. lingua* : Bonfol. — *R. sceleratus* : Bonfol *Fr.* ! — *R. aconitifolius* : Ruz des Seignes. de la Balme, Combes d'Ensonlemont, etc ; prés du Doubs à St.-Ursanne, etc.

Caltha palustris.

Trollius europœus : Ensonlemont, Chaignons, les Côtes etc ; prés du Doubs à St.-Ursanne etc.

Helleborus fœtidus : commun.

Delphinium consolida : La Bouloie, *Montand.*! Bressaucourt, *Lap.* ! Bonfol , *Fr.* rare.

Aquilegia vulgaris.

Aconitum lycoctonum : Pont-d'Able etc ; Ruz des Seignes , Pichoux, etc. ; fréquent. — *A. napellus* : saussaies du Doubs à Ocour , Vaufrey etc.

Actœa spicata : Ruz-des-Seignes , Sous-les-Roches , Bois-des-Vies de Chevenez etc ; la Perche.

BERBÉRIDÉES.

Berberis vulgaris.

NYMPHÉACÉES

Nymphœa alba : Bonfol et lisière alsatique.
Nuphar luteum Sm : Delle et lisière alsatique.

PAPAVÉRACÉES.

Papaver rhœas. — *P. dubium* : Courchavon , Courdemai-che , Buix etc.
Chelidonium majus.

FUMARIACÉES.

Corydalis cava Schw : fréquent. — *C. solida* Pers. ; rare , vergers à Grandfontaine *Lap*!
Fumaria officinalis. — *F. Vaillantii* : champs, Microferme, Banné , Perche etc ; fréquent.

CRUCIFÈRES.

Nasturtium officinale R. Br. — *N. amphibium* R. Br. : Bon-fol. — *N. sylvestre* R. Br. : Bourogne , autrefois le Creux-Genaz. — *N. palustre* R. Br. : Bonfol, Pont-d'Able, le Faby, la Vieille-route etc ; Petit étang de Microferme.
Cheiranthus cheiri : ruines de Pleujouse *Lap*!
Barbarea vulgaris R. Br.
Turritis glabra : Sablière *Pagn*! Pont-d'Able *Vern*! Ro-

ches-de-Courchavon et de Grandgour *id* !, entre St.-Ursanne
et Bellefontaine *Fr.*

Arabis alpina : Ruz des Seignes, de Vâ-Berbin. du Pichoux;
Cirques des Côtes, de Sous-les-Roches, de la Caquerelle etc
Perche, grottes de Grandgour.— *A. hirsuta* Scop. — *A. arenosa* Scop : Ruz de Vâ-Berbin, Crêts de Fallaz, de St.-Ursan
ne, de Danville, de Montmelon, de St-Braix etc. — *A. turrita* : Pont-d'Able, Banné, Pichoux etc.

Cardamine pratensis. — *C. amara* : assez rare, Pré-Par-
rat, Combes de Brère, Cerniers-dessous. — *C. hirsuta* : rare, le Fahy.

Dentaria pinnata : Ruz des Seignes, du Pichoux etc; Cirques Sous-les-Roches, de la Caquerelle etc ; Combes Sarmère, Grègeaz, Varieux etc.

Sisymbrium officinale. — *S. alliaria.* — *S. thalianum*
Gaud : Ermont, Banné, Crâz etc.

Sinapis arvensis.

Alysson calycinum : Sablière, Microferme, Côte-Dieu etc.

Lunaria rediviva : Ruz des Seignes, de Vâ-Berbin, de Vâ-
Benoz, du Trembiaz, de la Balme etc ; Combe Varieux.

Draba aizoides : Crêts de Fallaz, de Montgremay, de la
Croix, de Moébré. — *D. verna.*

Kernera saxatilis Rchb : Ruz des Seignes, de Vâ-Berbin
etc ; Crêts de Fallaz, de Montgremay, de Hauteroche, du
Trembiaz, etc.

Camelina sativa Crtz : assez rare, Combe-Mêne, Bressaucourt etc.

Thlaspi arvense. — *T. perfoliatum.* — *T. montanum* : Crêts
de Fallaz, de Montgremay, de St.-Ursanne, de Moébré. —
T. alpestre : entrée du sentier de la Caquerelle à Basuel, dans
le pâturage le long des buissons *nob.* 1847.

Iberis amara : Porrentruy, Courdemaiche, Mormont, Bure, etc.

Lepidium campestre.

Capsella bursa pastoris Mœnch.

Senebiera coronopus Poir : fort rare ; le pied du mur des
Annonciades *Lap* !

Isatis tinctoria: Waldeck, Perche, Courtedoux, route d'Alle *nob*: assez rare.
Raphanus raphanistrum.

CISTINÉES.

Helianthemum vulgare: commum sous sa forme *obscurum.*
— *H. grandiflorum*: Crêt de St-Braix.

VIOLARIÉES.

Viola hirta. — *V. sylvestris* Lk. — *V. odorata*; rare, spontanée? — *V. tricolor.* — *V. canina* Lk: pelouses de la descente de la Perche sur la source d'Ermont *nob.*, Chaignons et Combe-de-Ravière? en descendant sur Bellefontaine *Fr.*

RÉSÉDACÉES.

Reseda luteola: rare, environs d'Alle *nob.*

DROSÉRACÉES.

Parnassia palustris: fréquent, par exemple, petite combe d'Ermont, sentier de Vandelincourt, etc.

POLYGALÉES.

Polygala vulgaris: pelouses fraîches, surtout la région de Bonfol, etc. — *P. comosa* Schk: pelouses sèches des collines, Ermont, etc.; plus répandu que le précédent. — *P. amara*: surtout la forme *austriaca*, Ermont, les Chaignons, la Croix, etc.; fréquent. — *P. calcarea*, Schultz: pelouses des collines, Crâz, Perche, Banné, Haut-de-Cœuve, Màvaloz, Varandin, Varieux, l'Oiselier, Courtedoux, Courchavon, etc. M. Vernier a retrouvé cette espèce au Lomont de Pont-de-Roide; M. Paroz m'assure l'avoir vue au Mont-Terrible.

SILÉNÉES.

Gypsophila muralis: Cœuve, Bonfol, Damphreux.
Dianthus prolifer: infréquent, source d'Ermont, Roche-

de-Mars, Microferme, etc. — *D. armeria* : Landes de Fahy, sentier des Roches-de-Courchavon, Mormont, etc. ; Microferme, Haut-de-Cœuve. — *D. carthusianorum.*

Saponaria officinalis : infréquent, le Crébaz. — *S. vaccaria* : assez rare, Grand-fin, Villars, Bressaucourt.

Silene nutans. — *S. inflata.* — *S. noctiflora* : rare, Ermont, *nob.*, Banné, *Montand.*, Microferme et Crâz *Vern.*

Lychnis flos cuculi. — *L. diurna* Sibth : le Fahy, la Presse, etc., fréquent. — *L. githago* Lk.

ALSINÉES.

Sagina procumbens : çà et là. — *S. apetala* : id., tous deux surtout dans le bassin de Bonfol.

Mœhringia muscosa : Ruz des Seignes, de Và-Benoz, du Pichoux, etc. ; Crêts de Montgremay, la Croix, Ensoulemont, etc., Cirques de Sous-les-Roches, etc. ; grottes de Courchavon et Grandgour ; Combe Lavaux.

Spergula arvensis : Bonfol, Vandelincourt, Damphreux, etc.

Alsine segetalis : Bonfol, Beurnevaisin, Cœuve, Courdemaiche, Courgenay, etc. ; aussi les plateaux, Fahy et Bure *Fr.* — *A. rubra* Wahl : Bonfol, Cœuve, Vandelincourt, Damphreux. — *A. tenuifolia* Wahl : de Cœuve à Beurnevesain.

Arenaria trinervia. — *A. serpyllifolia.*

Stellaria graminea, — *S. media.* — *S. nemorum* : Ruz des Seignes, du Pichoux, etc. — *S. holostea* : Bonfol, Vandelincourt, Beurnevaisin, etc. ; aussi au Pont-d'Able. — *S. glauca* : ruisseau de la Vacherie-desssus *Fr.* — *S. uliginosa* : Bonfol, etc. ; aussi le ruisseau de la Vacherie-Mouillard.

Cerastium triviale Link. — *C. arvense.* — *C. pumilum* Curt. : Perche, Banné, Ermont *nob.*, etc. — *C. brachypetalum* Desp. : Perche, Banné, Solier, Courtedoux, etc. — *C. Semidecandrum* : Banné et Perche, selon *Fr.* — *C. glomeratum.* Thuill. : rare, Bonfol *nob.*

Malachium aquaticum Fries : par exemple, canal du Pont-d'Able.

LINÉES.

Linum catharticum.

MALVACÉES.

Malva sylvestris. — *M. rotundifolia.* — *M. alcœa* : Micro-
ferme, Combe Sarmère, Courdemaiche, Cornol, Cœuve,
Courtedoux, Bonfol. — *M. moschata* : Vacherie-dessus *Lap.*
Vacherie-Mouillard, l'Oiselier *Vern.* ; rare.

TILIACÉES.

Tilia grandifolia. Ehrh. : Combes Grégeaz, Varieux, etc.
Perche, etc. ; Ruz de Vâ-Berbin, etc. ; Côte-Dieu, etc.

HYPÉRICINÉES.

Hypericum perforatum. — *H. hirsutum.* — *H. dubium.*
Leers : La Croix, Mouillard, etc. , Fregiécourt. — *H. te-
trapterum.* Fries : Bonfol, Cornol, etc. ; Pont-d'Able, Microferme, Rochette, etc. — *H. humifusum* : Bonfol et région ;
le Faby, le Bois-du-Puits à Courdemaiche. — *H. pulchrum* :
lisière alsatique, fréquent, et probablement Bonfol ou Vandelincourt.

ACÉRINÉES.

Acer campestre. — *A. pseudo-platanus* — *A. platanoides* :
assez fréquent, Pont-d'Able, Varieux, Petit-Fahy, etc.

AMPELIDÉES.

Vitis vinifera : naturalisé depuis les anciennes cultures aux
environs de Grangour.

GÉRANIACÉES

Geranium pusillum. — *G. dissectum.* — *G. columbinum.*
G. molle. — *G. robertianum.* — *G. cicutarium.* — *G. sanguineum* : Crèt de Fallaz *nob.* — *G. sylvaticum* : Roche-d'or, Lomont de Damvant, St-Braix. — *G. moschatum* : lieux cultivés
à Fontenais. *Lap.* ! indigène ?

BALSAMINÉES.

Impatiens noli tangere : Ruz des Seignes, de Vâ-Berbin, du Pichoux , etc.; Cirque Sous-les-Roches , etc. ; grottes de Courchavon , Combe Lavaux , etc.

EXOGÈNES DICHLAMYDÉES CALYCIFLORES.

CÉLASTRINÉES.

Evonymus europœus.

RHAMNÉES.

Rhamnus catharticus. — *R. frangula.* — *R. alpinus* : Crêts Fallaz, d'EnsoHnlemont, de César, de Mongremay, de Moébré, de la Caquerelle , etc.

PAPILIONACÉES.

Sarothamnus scoparius, Wimm. : quelques points de la lisière alsatique ; de Grandvillars à Boron! etc.

Genista sagittalis. — *G. tinctoria* ; Bonfol, etc. ; Chaignons, Faux-d'Enson , etc. — *G. germanica* : Cœuve , Montignez , Bonfol , Vandelincourt , Beurnevaisin , Réchésy.

Onosis repens. — *O. spinosa* : très·rare , surtout la lisière alsatique.

Anthyllis vulneraria.

Medicago lupulina. — *M. sativa* : çà et là naturalisée.

Melilotus arvensis. Wallr. — *M. officinalis.* Willd : Bonfol , etc. , fréquent; Porrentruy, Rochette , Faubourg St-Germain, rare.

Trifolium pratense. — *T. arvense.* — *T. repens.* — *T. medium.* — *T. procumbens.* — *T. filiforme.* — *ochroleucum* : Crâz, Perche, Fahy, Faux-d'Enson, etc. — *T. montanum* : Monterrible, çà et là, par exemple, les Rangiers, les Plainbois, etc. — *T. fragiferum* : Bonfol, Alle , Miécourt, Papplemont, etc. — *T. agrarium* : Bois de Bonfol , Vandelincourt , Alle , etc. ;

Combes Sarmère, Vaumacon, etc. — *T. scabrum* : la Perche vers Fontenois. *Lap. !* 1855 ; les Crâz. *Vern. !* 1848.

Lotus corniculatus. — *L. uliginosus.* Schrk. : Bois de Bonfol, Vandelincourt, Alle, etc. ; Combe Vaumacon.

Astragalus glycyphyllos : Microferme, Lorette, etc., Combes Sarmère, de la Creulle, de Courdemaiche, etc.; Montvoie, Rangiers sur Azuel, etc.

Coronilla emerus : Crêts de Chételaz, Montmelon, Saint-Braix, etc.; Cirque de la Caquerelle, etc.; montée de la Male-côte, des Malettes; Ermont, Banné sur la carrière. *Lap. !* Pont-d'Able. *Vern. !* — *C. vaginalis* : Crêts de Fallaz, de St-Braix, de Moébré, de la Hauteroche de Pleujouse. — *C. varia* : Ermont, Boncourt, Monterrible. *Fr.* : infréquent.

Hippocrepis comosa.

Onobrychis sativa DC : çà et là naturalisée, Bellevue, Microferme, Valdeck, etc.

Vicia sepium. — *V. cracca.* — *V. Dumetorum* : Malecôte et ruines d'Azuel *Lap. !* Malettes *nob.* — *V. sativa* : probablement aussi la *V. angustifolia* Roth.

Ervum hirsutum : Porrentruy, Cœuve, Bonfol, Courdemaiche. — *E. tetraspermum* : Porrentruy, Cœuve, Vandelincourt.

Lathyrus pratensis. — *L. hirsutus* : très fréquent. — *L. nissolia* : plateaux de la route de Montignez, *nob.* Bonfol. — *L. sylvestrys* : Montvoie, Fer-à-Cheval, Combe Sarmère, Eusonlemont, Combe Gaigneraz, etc. — *L. cicera* : chemin de Courtemaiche à Damphreux, rare *nob.*

Orobus vernus. — *O. niger* : Sablière, Pont-d'Able, combe de la Creulle, Beurnevaisin, Réchésy. — *O. tuberosus* : lisière alsatique et probablement Bonfol ou région.

AMYGDALÉES.

Prunus spinosa.

Cerasus dulcis Borkh. — *C. padus.* C D : autour des étangs de Bonfol.

ROSACÉES.

Spiræa ulmaria. — *S. aruncus* : Sous-les-Roches, La Croix, les Rangiers, etc.; fréquent dans la montagne.

Geum urbanum. — *G. rivale* : Combes de Montvoie, En-sonlemont , Mouillard , Courtemautruy; aussi le Fâtre.

Rubus idœus. — *R. cœsius.* — *R. fruticosus* dont la forme *tomentosus* fréquente.

Fragaria vesca.

Comarum palustre : Bonfol , Beurnevaisin , etc.; lisière alsatique.

Potentilla anserina. — *P. reptans.* — *P. verna* avec sa va-riété *crocea.* — *P. fragaria* Sm.

Tormentilla erecta.

Agrimonia eupatorium.

Rosa arvensis. — *R. canina* : très variable. — *R. rubigi-nosa* : fréquente. — *R. tomentosa* : çà et là. — *R. pimpinelli-folia* DC. : Crêts de Jules-César et du Trembiaz *nob.* — *R. alpina* : crêts de Fallaz, de Montgremay, de Hauteroche, etc.; Cirque de la Caquerelle , des Côtes, etc; Clôs-du-Doubs , St-Braix , etc.

SANGUISORBÉES.

Alchemilla vulgaris : les deux variétés (glabre et velue) avec des intermédiaires; l'une et l'autre, par exemple, au bas de la charrière des Chaignons.

POMACÉES.

Cratœgus oxyacantha. — *C. monogyna* Jacq. , souvent réu-nis , par exemple , au Banné , à Microferme , etc.

Cotoneaster tomentosa Lindl. : Crêts Fallaz, Caquerelle , Hauteroche , Danville , Clos-du-Doubs , etc. — *C. vulgaris* Lindl. : Crêt Fallaz. ??

Pyrus communis — *P. malus.*

Aronia rotundifolia Pers. : Crêts de Fallaz, de Chételaz , de St-Ursanne, etc.

Sorbus aucuparia. — *S. aria* Crtz. — *S. torminalis* Crtz. : bois sur la Sablière , Entrée du Petit Faby, bois de Champ-Cigogne , Varicux, chemin de Varandin , Milandre , etc.

ONAGRARIÉES.

Epilobium angustifolium. — *E. hirsutum* — *E. parviflo-

rum Schrb. — *E. montanum.* — *E. tetragonum* : taillis du Fahy, de Sous-les-Côtes, de Courdemaiche, etc. — *E. palustre* : Bonfol. — *E. roseum* Schrb. : ça et là, assez rare et peu abondant aux environs des habitations à Porrentruy, Courdemaiche, Charmoille *nob.* ; peu persistant.

OEnothera biennis : correction des roches de Buix.

Circœa luteliana. — *C. alpina* : Ruz de Vâ-Berbin *Vern.* 1846 : probablement ailleurs.

HALORAGÉES.

Myriophyllum verticillatum : Bonfol, Pont-d'Able *Fr.* — *M. spicatum* : Bonfol.

HIPPURIDÉES.

Hippuris vulgaris : Bonfol, canal des étangs.

CALLITRICHINÉES.

Callitriche platycarpa Kützing : Halle, ruisseaux de Porrentruy. — Il y a dans nos environs probablement d'autres espèces de ce genre.

CÉRATOPHYLLÉES.

Ceratophyllum demersum : Bonfol. — *C. submersum* : Bonfol *Fr.*

LYTHRARIÉES.

Lythrum salicaria : Cornol, Alle, Bonfol, etc. ; infréqueut. — *L. hyssopifolia* : lisière alsatique, Delle, Ferrette.

Peplis portula : Bonfol et lisière alsatique.

CURCUBITACÉES.

Bryonia dioica : la Presse, etc.

CRASSULACÉES.

Sedum album. — *S. acre.* — *S. sexangulare* : Ermont, etc. — *S. reflexum* : rare, Varieux *Lap* !, Réclère à Roche-d'or *id* ! — *S. villosum* : prés à Bonfol, Vandelincourt, Courtavon.

— *S. fabaria* Koch : côtes de la Halle à Bellevue, Courchavon, Buix ,etc. ; Banné, Courtedoux, combe de Lavaux, etc.
Sempervivum tectorum : quelques toits de chaume.

GROSSULARIÉES.

Ribes uva crispa. — *R. alpinum* : Banné, Crâz, Ermont,
Perche, Vaumacon, etc., commun.

SAXIFRAGÉES.

Saxifraga tridactylites. — *S. aizoon* : Crêts Fallaz, de Montgremay, de Moébré, du Trembiaz, etc.

Chrysosplenium alternifolium : Ruz des Seignes, de Vâ-Berbin, du Pichoux, etc. ; Montgremay, Moebré, etc. ; Combe
Lavaux. — *C. oppositifolium* : Ruz des Seignes *nob.*, du Pichoux *Vern.* !

UMBELLIFÈREES.

Sanicula europœa : Fahy, Bois d'Eté, Noir-Bois, etc.
Astrantia major : prés d'Azuel, de St. Ursanne à Montenol,
d'Ocourt à Monpalais, de Vaufrey, etc.
Eryngium campestre : commence à Audincourt, nul du
reste.
Ægopodium podagraria.
Carum carvi : commun. — *C. bulbocastanum* Koch : Per-
che, Banné, Bure, Montancy, etc.
Pimpinella magna. — *P. saxifraga.*
Berula angustifolia Koch : commun, fontaine du Pâquis,
Halle, Pont-d'Able, etc.
Buplevrum falcatum : commun, Banné, Ermont, Côtes,
Crâz, etc.
Æthusa cynapium.
Seseli montanum : commun sur nos collines, Ermont, Per-
che, Banné, Oiselier, Crâz, Roche-de-Mars, Courchavon,
Boncourt, Buix, Bressaucourt, Courtedoux, Chevenez etc.
Libanotis montana All : côtes de St-Ursanne, Cirque de la
Caquerelle, Crêt du Trembiaz ; aussi au sommet d'Ermont.
Athamanta cretensis : Crêts de Fallaz, la Croix, Montgre-
may, Montmelon, Moébré, St-Braix, Trembiaz etc ; Cirque
de la Caquerelle, etc. ; les deux formes.

Meum athamanticum Jacq : Combes de la Croix vers le Pichoux *nob.*, des Rangiers vers le Fer-à-Cheval *id.*, de Cheselles vers Bourrignon *Fr.*

Silaus pratensis Bess : Courtedoux, Porrentruy, Alle, Charmoille, Fregiécourt, etc.

Angelica sylvestris : le plus souvent sous la forme *montana*.

Peucedanum Chabraei Rchb : Microferme, Minoux, Perche, Banné, Haut-de-Cœuve, Sous-les-Côtes, Combe aux Juifs, Ermont, Pàquis, Varandin, Bressaucourt, Cornol, Monterri, etc.

Pastinacca sativa : fort rare, Vandelincourt? ; une fois à Microferme.

Heracleum sphondylium. — *H. alpinum* : l'escarpement du Crêt de Montgremay vis-à-vis Jules César *nob.* ; commun à partir de St-Braix dans le Ruz de Bolleman.

Laserpitium latifolium : Crêts de Fallaz, la Croix, Trembiaz, Fer-à-Cheval, Ruz de Froidevaux, etc.

Orlaya grandiflora Hoffm : infréquent, Villars *Lap.* Cœuve, Ermont *nob.*

Caucalis daucoides : fréquent, Waldeck, Crâz, Banné, Ermont, Alle, Courtedoux, Mormont, Bure, Courdemaiche, Damphreux, etc.

Daucus carotta.

Torilis anthriscus Hoffm.

Anthriscus sylvestris Hoffm. — *A. torquata* Thomas : cirques Sous-les-Roches et de Chexbres *nob.*

Chaerophyllum temulum. — *C. hirsutum* : Ruz des Seignes, de Vâ-Berbin, du Pichoux, du Trembiaz etc ; pied des Crêts de Montgremay, des Chaignons etc ; souvent avec la forme *cicutaria* Vill., par exemple au Pichoux *nob.* — *C. aureum* : aux Piquerez et à Montancy *Fr.* ; commun dans le Jura du Doubs.

Conium maculatum : rare, derrière les Annonciades Rochette, Bellevue, etc. ; fugace.

ARALIACÉES.

Hedera helix.

CORNÉES.

Cornus sanguinea.

LORANTHÉES.

Viscum album.

CAPRIFOLIACÉES.

Lonicera xylosteon. — *L. periclymenum* : surtout la région de Bonfol, Vandelincourt etc ; aussi les Crâz , le Fahy , Courdemaiche etc. — *L. nigra* : Ruz des Seignes , Mouillard , Caquerelle , Danville etc. — *L. alpigena* : Ruz du Pichoux , Cirque de la Caquerelle , des Côtes , Crêts de Montgremay , de Moébré etc.

Adoxa moschatellina.

Sambucus ebulus. — *S. nigra.* — *S. racemosa* : fréquent, Sous les Côtes, le Fahy etc ; surtout la montagne.

Viburnum opulus. — *V. lantana.*

STELLÉES.

Sherardia arvensis.

Asperula cynanchica. — *A. odorata.*

Galium cruciata Scop. — *G. aparine.* — *G. palustre.* — *G. verum.* — *G. mollugo.* — *G. sylvestre* : la variété *hirtum* au Crêt de la Croix vers Monnat *nob.* — *G. sylvaticum* : Pont-d'Able , Vieille route , Combe Gregeaz , la Perche etc ; surtout la région de Bonfol.

VALÉRIANÉES.

Valeriana officinalis. — *V. dioica.* — *V. montana* : Crêts de Fallaz et de Montgremay.

Valerianella olitoria Mœnch. — *V. dentata* DC. : Porrentruy , Chevenez , Courdemaiche , Bure etc.

DIPSACÉES.

Dipsacus sylvestris. — *D. pilosus* : rare , Pont-d'Able, *Lap*! le Fahy *Fr.*, la montagne de Chevenez *nob.*

Knautia arvensis Coult. — *K. sylvatica* Dub : fréquent, Perche , Côtes etc.

Succisa pratensis Mœnch.

Scabiosa columbaria. — *S. ochroleuca?* : entre Cœuve et Beurnevaisin, rapporté par M. Parrat ; laisse de l'incertitude.

COMPOSÉES CORYMBIFÈRES.

Adenostyles albifrons Koch : commun dans la montagne, par exemple, Ruz des Seignes, Ensonlemont, Montgremay, Rangiers, Caquerelle ; aussi le Fahy.

Tussilago farfara.

Petasites officinalis Mœnch : la Halle, le Doubs, etc. — *P. albus* Gærtn. : charrière des Chaignons, sentier sous Montgremay, Rangiers, sous Bosnières.

Aster amellus : Crêt de St.-Ursanne, Cirque de la Caquerelle, Fer-à-Cheval.

Bellis perennis.

Bellidiastrum Michelii Cass. : Ruz des Seignes, du Trembiaz ; Crêts de Fallaz, de Mongremay, de Moebré, de St-Braix, etc.

Erigeron canadense, — *E. acre.*

Solidago virga aurea.

Inula salicina : Côtes de Pont-d'Able, de Courchavon, de Courtedoux *Vern.*, d'Ermont.

Pulicaria dysenterica Gærtn : Bonfol et région ; aussi les combes de la montagne ; infréquent. — *P. vulgaris* Gærtn., rare, Lugnez *Fr.*

Conyza squarrosa : fréquent.

Filago germanica : Bonfol, Vandelincourt, etc. ; source d'Ermont. — *F. gallica* : Bonfol, Vandelincourt, Cœuve, Montignez, Bure.

Gnaphalium uliginosum : Bonfol etc. ; source d'Ermont. — *G. dioicum* : Chaignons, la Croix, les Rangiers etc. ; les Crâz. — *G. sylvaticum.*

Artemisia vulgaris.

Achillea millefolium. — *A. ptarmica* : Bonfol, Vandelincourt, Alle etc. ; lit de Creux-Genaz.

Anthemis arvensis : commun. — *A. cotula* : Porrentruy, Lap. ! Courdemaiche *nob.* ; laisse quelque incertitude.

Matricaria chamomilla : commun.

Chrysanthemum leucanthemum. — *C. inodorum* : commun.

— *C. parthenium* : ruines du château de St-Ursanne *nob.*

Senecio vulgaris. — *S. jac obœa.* — *S. erucœfolius* : fréquent.
— *S. sylvaticus* : bois sabloneux de Vandelincourt et lisière alsatique ; rare ailleurs, bois du Puits à Courtemaiche. — *S. nemorensis* L. Koch. Synops. 2ᵉ éd. : commun dans la montagne ; aussi à la Vieille route, Combes Varieux, Grégeaz, Gaigneraz, de la Creulle, etc.

COMPOSÉES CYNAROCÉPHALES.

Cirsium lanceolatum. — *C. palustre.* — *C. oleraceum.* — *C. acaule* All. : commun. — *C. arvense.* — *C. rivulare* Koch : Combes de Montvoie et de Montancy *nob.* — *C. eriophorum* : Combes des Valberts *Lap.* ! des Rangiers *nob.*, de la Croix *id.*

Carduus nutans. — *C. crispus.* — *C. defloratus* : Crêts de Fallaz, de St. Ursanne, des Rangiers, de Moébré, de St-Braix, etc. — *C. personata* : Côtes du Doubs entre St-Ursanne et Bellefontaine *Fr.*, au-dessus de la Charbonnière *nob.*, une fois la côte de la Sablière *nob.*

Lappa minor. — *L. major* : rare. — *L. tomentosa* : Montvoie, Lucelle, etc.

Carlina vulgaris, infréquent. — *C. acaulis* : commun sur nos collines.

Centaurea amara. — *C. jacea.* — *C. scabiosa.* — *C. cyanus.* — *C. montana* : Cirque de la Caquerelle, Crêts de Moébré, de St. Braix. — *C. solstitialis* : rare et fugace, Haute-fin 1846 *Parrat* ! ibid 1847 *nob.*

COMPOSÉES CHICORACÉES.

Lapsana communis.
Cichorium intybus.
Leontodon autumnale, — *L. hastile.* — *L. hispidum* : souvent ensemble.
Picris hieracioides.
Tragopogon pratense.
Hypochœris radicata.
Taraxacum officinale : la forme *lævigatum* commune sur nos collines, la forme *palustre* à Bonfol, etc.

Phœnixopus muralis Koch.

Prenanthes purpurea : la montagne, fréquent, par exemple, Chaignons, Croix, Rangiers, Pleujouse, etc.

Sonchus oleraceus. — *S. asper.* — *S. arvensis.*

Barkhausia taraxacifolia Thuill. : commun. — *B. fœtida* DC. : rare, la Male-Côte *Kutnick!* — *B. setosa* DC. : de tems à autre ; Banné 1838 ! Minoux 1840 ! Grand-fin 1846 !

Crepis biennis. — *C. virens* Vill. — *C. paludosa* Mœnch : Combes d'Ensonlemont, de Mouillard, Ruz des Seignes, de Vâ-Benoz, etc., sentier sous Montgremay, Cirque Sous-les-Roches, etc. — *C. succisæfolia* Tausch. : Combe d'Ensonlemont, Chaignons, Faux-d'Enson, Caquerelle, Cirque Sous-les-Roches, etc.

Hieracium pilosella. — *H. auricula.* — *H. murorum.* — *H. vulgatum* Fries : assez rare ; bois de Champ-Cigogne *nob.*, combe qui conduit de Courdemaiche à Cœuve *id.* ; le Fahy, çà et là *Fr.* ; probablement Bonfol et région. — *H. prœaltum* Koch, 2ᵉ éd. : Côtes de la Sablière, de Pont-d'Able, de Courdemaiche ; Combes du Haut-de-Cœuve, de Vaumacon ; Entrée du Fahy ; Pleujouse. — *H. Jacquini* Vill. : Crêts de Fallaz, de la Croix, de St-Ursanne, de Roche-d'or, du Trembiaz, de Moébré, de Montgremay, etc. — *H. amplexicaule* : Crêts de Fallaz, de St-Ursanne, de Montgremay, de la Croix, de la Hautcroche, de St-Braix, etc. — *H. umbellatum* : surtout Bonfol et région. — *H. boreale* Fries : Bonfol, Vandelincourt et région.

Jasione montana : çà et là dans la région de Bonfol, Cœuve, Beurnevaisin, Fetterouse, Florimont, Faverois ; aussi quelques points des plateaux et collines ; Ermont *Fr.*, les Crâz *nob.*, Vaumacon *nob.*, Bure, Villars-le-Sec ; fugace et manque maintenant dans la plupart de ces dernières localités.

Phyteuma spicatum. — *P. orbiculare* : commun dans toute la montagne, par exemple, Chaignons, Croix, Rangiers, etc. ; Pont-d'Able.

Campanula rotundifolia. — *C. glomerata.* — *C. rapunculus.* — *C. rapunculoides.* — *C. trachelium.* — *C. pusilla* : Ruz des Seignes, du Pichoux, de Vâ-Berbin, du Trembiaz, etc.

Prismatocarpus speculum L'Her.

VACCINIÉES.

Vaccinium myrtillus : Ruz des Seignes , pentes du Crêt de Montgremay, etc. , infréquent. — *V. vitis-idea* : une seule fois dans les bruyères de Théodoncourt *nob.* 1847.

ERICINÉES.

Calluna vulgaris Salisb. : sa principale lande est celle de Fahy.

PYROLACÉES.

Pyrola minor : Fahy, Champ-Cigogne, etc.; Monterrible. , etc. — *P. rotundifolia* : Fahy, Ensonlemont , Brère , la Croix, etc. — *P. secunda* : Crêts de Fallaz , du Trembiaz , etc. ; Petit Fahy, Envers de Grégeaz , Varandin , etc.

MONOTROPÉES.

Monotropa hypopytis : le Fahy, Champ-Cigogne , Combe Gaigneraz , le Pont-d'Able, Ruz de Va-Berbin , etc.

EXOGÈNES DICHLAMYDÉES COROLLIFLORES.

AQUIFOLIACÉES.

Ilex aquifolium : assez fréquent.

OLÉACÉES.

Ligustrum vulgare.
Fraxinus excelsior : peu commun.

ASCLEPIADÉES.

Cynanchum vincetoxicum : fréquent.

APOCYNÉES.

Vinca minor : fréquent.

GENTIANÉES.

Gentiana lutea : Caquerelle, Côtes des Cerniers, Clôs-du-Doubs, chaîne de St-Braix. — *G. cruciata* : fréquente. — *G. ciliata* : fréquente. — *G. acaulis* : Crêt de Moébré. *nob.* — *G. verna* : Caquerelle, Combe du Bez, Danville, la Couperie. — *G. germanica* Willd.

Erythræa centaurium Fries. — *E. pulchella* Fries : Bonfol, Vandelincourt, Courdemaiche ; la Presse.

Menyanthes trifoliata ; Bonfol, Cœuve, Damphreux, Alle.

CONVOLVULACÉES.

Convolvulus arvensis. — *C. sepium.*

BORRAGINÉES.

Symphytum officinale.
Echium vulgare.
Pulmonaria officinalis : infréquent. — *P. angustifolia* : Caquerelle *nob.*. Ermont *Fr.*

Lithospermum officinale. — *L. arvense.* — *L. purpuro-cœruleum* : Côte de la Sablière *nob.*

Myosotis palustris. — *M. cœspitosa* Schultz : Bonfol *nob.* — *M. sylvatica* Hoffm. : commune. — *M intermedia* Link. — *M. versicolor* Pers. : Haute-fin sur la lisière de la combe Vaumacou *Fr.*, le petit pré de la source d'Ermont *id.* ! — *M. hispida* Schlecht. : Banné, Vieille route d'Alle, Pré-Husson, etc. — *M. stricta* Link : rare ; pré qui sert de lisière à la combe aux Juifs *nob.* mai 1848.

SOLANÉES.

Solanum dulcamara : infréquent. — *S. nigrum* : très rare et fugace.

Physalis alkekengi : entre Vaufrey et Glère *Vern.* 1847, Montjoie *id.* 1848.

Atropa belladona : fréquent.

Hyosciamus niger : assez fréquent.

Datura stramonium : infréquent.

VERBASCÉES.

Verbascum thapsus : murs. — *V. Schraderi* Mey. : côtes sèches, fréquent, p. ex., Combe Sarmère, Sablière etc. ; aussi les murs. — *V. lychnitis* : collines , fréquent ; Microferme , Côtes de la Halle de Porrentruy à Alle et de Courchavon à Delle, le plus souvent à fleurs blanches. — *V. nigrum.* — *V. blattaria* : entre Hérimoncourt et Audincourt *nob* !

Scrophularia nodosa. — *S. aquatica* : p. ex., Canal du Pont-d'Able.

ANTIRRHINÉES.

Antirrhinum majus : presque naturalisé sur quelques murs.

Linaria vulgaris Mill. — *L. minor* Mill. — *L. spuria* : Banné etc. — *L. elatine* Mill. : Bonfol et Courtavon. — *L. striata* : autrefois les vieux murs du Jettiaz et les bosquets de la Vauche *nob.*, indigène ?

Veronica anagallis. — *V. becabunga.* — *V. chamædrys.* — *V. officinalis.* — *V. serpyllifolia.* — *V. arvensis.* — *V. agrestis.* — *V. hederæfolia.* — *V. scutellata* : Bonfol , Vandelincourt , Courtavon. — *V. montana* : Grand et petit Fahy , Combe de la Creulle etc. — *V. prostrata* : commun sur nos collines. — *V. latifolia* : Chevenez ? Caquerelle ? douteux. — *V. triphyllos* : la Perche *Lap* ! — *V. polita* Fries : le Banné *Fr.* ! la Grand-fin *nob.*

Limosella aquatica : Bonfol *Fr.*

OROBANCHÉES.

Orobanche cruenta Bert. — *O. galii* Dub. — *O. teucrii* Schultz. — *O. ramosa.*

Lathræa squammaria. — Ruz de Và-Berbin , du Pichoux etc. ; le Fahy etc.

RHINANTHACÉES.

Rhinanthus minor. — *R. major* : surtout la forme *alecterolophus.*

Melampyrum arvense. — *M. pratense* : surtout la région de Bonfol ; Sous-les-Côtes , Ermont , etc.

Pedicularis sylvatica : Crâz, Côtes de Courchavon , bruyères de Fahy etc. Combes d'Ensonlemont , de la Croix , de la Caquerelle etc. — *P. palustris* : Bonfol.

Euphrasia officinalis: souvent avec la forme *nemorosa*, p. ex., au sentier de Vandelincourt. — *E. serotina*. — *E. odontites*: Bonfol , Vandelincourt etc. ; aussi les plateaux , Bouloie , Chevenez , Bure.

LABIÉES.

Mentha sylvestris. — *M. aquatica*. — *M. arvensis*. — *M. sativa* : Bonfol.

Lycopus europœus : Bonfol et région , lisière alsatique ; source d'Ermont.

Salvia pratensis.

Origanum vulgare.

Thymus serpyllum.

Calamintha officinalis DC. : fréquent. — *C. acinos* Clairv.

Clinopodium vulgare.

Betonica officinalis.

Nepeta cataria : rare, Moulin-Grillon près St-Ursanne *nob*.

Glechoma hederacea : la variété *grandiflora* sur le chemin de Fontenois.

Melittis melissophyllum : fréquent , Sablière , Ermont , etc.

Lamium maculatum. — *L. purpureum*. — *L. album*. — *L. amplexicaule* : à peine aperçu.

Galeobdolon luteum.

Galeopsis ladanum. — *G. tetrahit*.

Ballota nigra.

Scutellaria galericulata : Bonfol , Vandelincourt , Delle.

Prunella vulgaris. — *P. grandiflora* Jacq. : commun et presque toujours à feuilles pinnatifides. — *P. alba* Pallas : fréquent, Crâz, Microferme, Beaupré, la Perche, Ermont, etc.

Ajuga reptans ; la forme *alpina* sans stolons dans les Ruz de la montagne , par exemple , au Ruz d'Azuel.

Teucrium scorodonia : infréquent. — *T. chamœdrys* : commun. — *T. montanum* : Crêts de Fallaz , de la Croix , de St-Ursanne , de Montgremay, de Moébré , du Tremblaz , de Jules-César , Cirque de la Caquerelle.

Stachys sylvatica. — *S. palustris.* — *S. biennis.* — *S. recta*: Crêts de St-Ursanne, de Fallaz, etc. ; Côtes de Grandgour, etc. — *S. alpina*: Chaignons, La Croix, Montgremay, Rangiers, Pont-d'Able, Vieille route, Chemin taillé, Combe Montparon, etc. — *S. arvensis*: la Grand-fin 1846 *Vern.!*

VERBÉNACÉES.

Verbena officinalis.

LENTIBULARIÉES.

Pinguicula officinalis: Bonfol.
Utricularia vulgaris: Bonfol selon *Fr.*

PRIMULACÉES.

Lysimachia nemorum : Bonfol et lisière alsatique ; puis, Combes Montparon et Sarmère, Ruz de Vâ-Benoz et du Pichoux. — *L. nummularia.* — *L. vulgaris*: Bonfol, etc. ; puis, Combe Sarmère, Bonne-Fontaine, Moulin des Vosges, Courchavon ; infréquente.
Primula officinalis. — *P. elatior.* — *P. auricula* : si je ne me trompe, dans les escarpemens du Crêt de Moébré, ce qui est à constater.
Anagallis cœrulea Schreb.. — *A. phœnicea* Lk.
Centunculus minimus: rare, Combe-Mène *Lap.!* ; probablement Bonfol et région.

GLOBULARIÉES.

Globularia vulgaris : rare, côteau derrière les Rangiers *Vern.!* 1847 ; se trouve aussi au Crêt de Brise-Poutoz *id.*

PLANTAGINÉS.

Plantago major : sa variété *minima* à Bonfol. — *P. media.* — *P. lanceolata.*
Littorella lacustris : Bonfol.

EXOGÈNES MONOCHLAMYDÉES.

CHÉNOPODÉES.

Chenopodium album. — *C. polyspermum* : infréquent.
Blitum bonus Henricus. — *B. glaucum* : fréquent.
Atriplex patula : fréquent, Porrentruy *nob.* — *A. latifolia*
Wahl. : ibid. *id.*

POLYGONÉES.

Rumex conglomeratus Murr. — *R. obtusifolius.* — *R. cris-
pus.* — *R. acetosa.* — *R. acetosella* : surtout Bonfol, etc. — *R.
nemorosus* : Fahy, Bois-des-Côtes, etc. — *R. scutatus* : rare,
Côte-Dieu et autrefois les murs du Jettiaz. — *R. palustris* :
Sm. : Bonfol, abondant, découvert par *Fr.!* — *R. aquaticus* :
bords du Doubs à St-Ursanne *Fr.!* et cultivé au jardin prove-
nant de cette localité.
Polygonum aviculare. — *P. convolvulus.* — *P. persicaria.*
— *P. hydropiper* : fréquent, par exemple, Petit Etang de
Microferme. — *P. amphibium* : Bonfol, etc. ; la Halle à Cour-
demaiche, etc., sous les deux formes ; autrefois les étangs de
Porrentruy. — *P. mite* Schrnk. : Bonfol, Vandelincourt, etc.
—*P. lapathifolium*: Bonfol, Porrentruy, Courchavon, Courdemaiche. — *P. bistorta* : combes de la montagne, fréquent,
par exemple, Combes d'Ensonlemont.

THYMÉLÉS.

Passerina annua Wckst. : Planchettes, pentes ouest du Banné, Vandelincourt, Alle, etc.
Daphne mezereum, fréquent, par exemple, Sous-les-Côtes.
— *D. laureola* : Bois-des-Vies de Chevenez, Combes aux Sor-
cières, aux Fées, Fréteux, Mauron de Courtemautruy, **sur**
les gypsières de Cornol, etc. — *D. cneorum* : Crêt du Trembiaz, abondant *nob.*

SANTALACÉES.

Thesium pratense Ehrh. : Chaignons, la Croix, les Rangiers, etc. ; Ermont, les Craz, Waldeck, etc.

ARISTOLOCHIÉES.

Asarum europæum : commun, par exemple, Lorette, Er-mont, Bonne-Fontaine, Pont-d'Able, etc.

EUPHORBIACÉES.

Buxus sempervirens : trois stations seulement : aux côtes du Pont-d'Able, à Buix où il occupe une assez grande étendue sur les deux versans de la vallée, au Crêt de St-Ursanne.

Euphorbia helioscopia. — E. peplus. — E. exigua. — E. platyphyllos. — E. stricta : commun et plus fréquent que le précédent, tout deux, par exemple, à Microferme. — *E. dulcis* : assez fréquent, Vieille route, Noir-Bois, Pont-d'Able, etc. — *E. verrucosa* : très-fréquent, Cräz, Microferme, Waldeck ; Banné, Ermont, etc. — *E. amygdaloides* : commun. — *E. cyparissias* : rare à Porrentruy, par exemple, Waldeck, devient commun vers Chevenez ; aussi la montagne, par exemple, sommet de Montgremay.

Mercurialis perennis : commun. — *M. annua* : rare, une fois ou deux à Porrentruy *nob.*, fugace.

URTICÉES.

Urtica urens. — U. dioica.
Humulus lupulus : infréquent.
Ulmus campestris : infréquent, Varieux, Chemin-du-Milieu, etc.

CUPULIFÈRES.

Quercus pedunculata Ehrh. : commun. — *Q. sessiliflora* Sm. : disséminé, Bonfol, Vandelincourt, etc ; Grande Entrée du Fahy, Entrée de Combe Grégeaz, Chemin de Montignez après les marnières, Bois des Côtes de Courchavon, etc. ; ordinairement sur des terrains frais.

Fagus sylvatica.
Corylus avellana.
Carpinus betulus.

SALICINÉES.

Salix fragilis : un des plus répandus. — *S. amygdalina* :

assez commun le long de la Halle. — *S. purpurea*. — *S. caprea*. — *S. viminalis* : rare, Delle. — *S. cinerea* : fréquent, Bonfol, etc. ; le Fahy, etc. — *S. aurita* : Bonfol, Vandelincourt, etc. ; Combe Vaumacon, etc. ; Combes d'Ensonlemont, de la Croix, etc. — *S. nigricans* Fries : à Porrentruy selon M. Friche ; les exemplaires du Jardin proviennent de nos envisons.

Populus tremula.

BETULINÉES.

Betula alba : bois de Vandelincourt, et devient commun sur toute la lisière alsatique ; très-rare du reste ; un point du Clòs-du-Doubs près de Montenol, sur des éboulemens *Amuat*.

Alnus glutinosa : Bonfol et région, Cornol, etc ; la Halle, çà et là, par exemple, au Voyebœuf ; rare du reste sur de grandes étendues. — *A. incana* : Combe-Mouillard *Lap.!* Azuel *id.* ; Bonfol ?

CONIFÈRES.

Juniperus communis.

Pinus sylvestris : fréquent et formant des bois ; devient tortueux sur les rochers, par exemple, la Croix.

Abies pectinata Lk : commun, forme les bois de la montagne et une partie de ceux des plateaux. — *A. excelsa* Lk : commence a former des fòrets dans la chaîne de St-Braix ; disséminé du reste.

Taxus baccata : disséminé dans la montagne, par exemple, Fréteux, Combes de Nôz et de Secroux, la Croix, Montgremay, Crêts de Pleujouse, etc.

ENDOGÈNES PHANÈROGAMES.

ALISMACÉES.

Alisma plantago : Bonfol et région, rare du reste.
Sagittaria sagittæfolia : Bonfol et lisière alsatique, commun.
Triglochin palustre, Bonfol, Vandelincourt, Papplemont, etc.

POTAMÉES.

Potamogeton natans : Bonfol et région , autrefois les étangs de la ville. — *P. fluitans* Roth : Bonfol etc. — *P. crispus* : Halle , Doubs. — *P. lucens* : Bonfol, etc. — *P. perfoliatus* : Bonfol, etc., Doubs. — *P. densus* : Doubs.—*P. pectinatus* : Doubs. — *P. pusillus* : Bonfol *nob.* , Vacherie-dessus *Vern* !

LEMNACÉES.

Lemna minor : commun dans nos eaux. — Les *L. trisulca*, *polyrhiza* et *gibba* , qui se trouvent sur nos lisières alsatiques de Belfort à Bâle, sont probablement à Bonfol.

TYPHACÉES.

Typha latifolia : Bonfol.
Sparganium ramosum. — *S. simplex* Huds : Bonfol.
Acorus calamus : Bonfol *Fr.* ; Doubs à Vaufrey *Vern*!

ORCHIDÉES.

Orchis militaris : fréquent , Ermont, etc. — *O. ustulata* : Ermont , Oiselier , Varieux , etc. — *O. morio.* — *O. mascula.* — *O. maculata.* — *O. latifolia* : Alle , Bonfol , etc. — *O. globosa* : une fois dans les pelouses de la petite combe d'Ermont 1832 *nob.* ; en herbier.

Anacamptis pyramidalis Rchb : fréquent, Waldeck , Microferme, Ermont , Haut-de-Cœuve , Petit-Fréteux , Courdemaiche , etc.

Gymnadenia conopsea RBr. : deux formes. — *G. odoratissima* RBr. : une fois dans les pelouses de la petite combe d'Ermont 1832 *nob.* ; en herbier.

Cœloglossum vivide Hartm. : Ermont , Crâz , Haut-de-Cœuve , etc ; Chaignons , la Croix , etc

Platanthera bifolia Rich.

Ophrys muscifera : rare, Oiselier *Vern* !, la Croix *nob.* — *O. arachnites* : fréquent , Côte-Dieu , Haut-de-Cœuve , Ermont , Oiselier , Courdemaiche , etc. — *O. apifera* : Ermont, Oiselier *Vern*!

Himantoglossum hircinum Rich : fort rare ; une seul fois sur le bord des Crâz au-dessus des jardins, et quelques pieds seulement 1848 *nob.* ; en herbier.

Herminium monorchis RBr. : Perche , Ermont , Haut-de-Cœuve , etc.

Cephalanthera pallens Rich : Sous-les-Roches, Vâ-Berbin, Montgremay, Rangiers, etc. ; le Fahy, Sous-les-Côtes, etc. — *C. ensifolia* Rich : Ruz du Pichoux , Sentier-sous-Montgremay, montée des Malettes *nob.* — *C. rubra* Rich : Ermont, Sous-les-Côtes, Chemin-Taillé, Courchavon, Courdemaiche, etc.

Epipactis latifolia All : fréquent. — *E. palustris* Crtz : de Bonfol à Courtavon *Fr.*

Listera ovata RBr. : Chaignons , la Croix , etc ; Combe Vaumacon , etc.

Neottia nidus avis Rich : fréquent, Fahy, etc.

Spiranthes autumnalis Rich : Fontenois, Villars, St-Croix, les Crâz *nob.*

IRIDÉES.

Crocus vernus : Chaignons , la Croix , Caquerelle , Combe du Bez , etc ; Villars, Bressaucourt, etc ; Combes de Nôz et de Secrouz.

Iris germanica : Rochers du château de St-Ursanne *nob.* ; toîts de chaume des villages. — *I. pseudo-acorus* : Halle, Doubs, Bonfol, etc.

AMARYLLIDÉES.

Narcissus pseudo-narcissus : Bressaucourt, Sous-les-Roches. — *N. poeticus* : Réclère , Damvant, Roche-d'or *Joliss.* !

Leucoium vernum : assez fréquent , Pont-d'Able, etc.

ASPARAGÉES.

Paris quadrifolia.

Convallaria maialis : fréquent, Sablière, etc ; Caquerelle , etc. — *C. polygonatum.* — *C. multiflora* : Ermont, les deux ensemble, etc. — *C. verticillata* : Chaignons, Sous-les-Roches, la Croix , Mongremay, la Caquerelle , etc.

DIOSCORÉES.

Tammus communis : Bressaucourt, Théodoncourt, la Croix, les Rangiers, etc.

LILIACÉES.

Anthericum ramosum : Crêts de Fallaz, de St-Ursanne, de la Croix ; Cirque de la Caquerelle, etc.
Ornithogalum umbellatum : rare, Porrentruy *nob.*, fugace.
Gagea arvensis : Schult. : rare, Perche derrière les Plan--chettes et la Vauche *Lap. !* la Grand-fin *Vern. !*
Scilla bifolia : les collines, Ermont, Pont-d'Able, etc.
Allium ursinum : fréquent, Pont-d'Able, etc. — *A. carinatum* : Microferme, Côte-Dieu, Roche-de-Mars, Banné ; Ermont, Bressaucourt, Courdemaiche, etc. — *A. sphœrocephalum* : Sous les Côtes, une fois *Pagn. !*
Muscari racemosum : rare, jardins, Bellevue, derrière le Château.

COLCHICACÉES.

Colchicum autumnale.
Veratrum album : Caquerelle, Rangiers, Côtes des Cerniers et Plainbois, Combe du Bez, St-Ursanne, Clòs-du-Doubs.

JUNCACÉES.

Juncus conglomeratus — *J. effusus* : Bonfol, etc. ; aussi le Fahy et les combes montagneuses. — *J. glaucus.* — *J. capitatus* Weig. : Bonfol, Vandelincourt, Courtavon. — *J. sylvaticus* Reich. : Bonfol, etc. ; aussi les combes montagneuses, Mouillard, etc. — *J. lamprocarpus* Ehrh. — *J. compressus* Jacq. — *J. bufonius.*
Luzula pilosa. — *L. campestris.* — *L. multiflora* Lej. : Bonfol et bois argileux des plateaux, sur les côtes de Courchavon, etc. *nob.* — *L. maxima* : à peine aperçu ? Fahy ? — *L. albida* ; Vandelincourt, Bonfol et lisière alsatique.

CYPÉRACÉES.

Cyperus flavescens : Bonfol. — *C. fuscus.* : ibid.

Heleocharis palustris R Br. — *H. acicularis* : Bonfol et lisière alsatique. — *H. ovata* : laisses de l'Etang Chapuis à Bonfol *nob.* 1845. — *H. uniglumis* : je crois l'avoir vu au Papplemont.

Scirpus setaceus : Bonfol. — *S. lacustris* : Bonfol, Doubs. — *S. sylvaticus.*

Blysmus compressus Panz. : Bonfol, etc. ; Mouillard, Monnat, etc.

Eriophorum latifolium Hopp.

Psyllophora (Carex) Davalliana Lois. : Alle, Bonfol, etc. — *P. pulicaris* : de Bonfol à Vandelincourt *nob.*

Cyperoides (Carex) capitata Mœnch. : dans un étang entre Réchésy et le Puy *Weisser*, 1859 !

Vignea (Carex) disticha Huds. — *V. vulpina.* — *V. muricata* : sa variété *virens* au Petit Fahy *Vern !* — *V. teretiuscula* Good : Bonfol selon *Fr.* — *V. paniculata.* Bonfol, etc. Combe Monnat, etc. — *V. paradoxa* Willd. : Bonfol. — *V. Brizoides* : Vandelincourt, Bonfol, lisière alsatique. — *V. leporina.* — *V. stellulata* Good : Bonfol. — *V. elongata* : Bonfol *Fr.* — *V. remota* : assez fréquent, Fahy, Combe Gaigneraz, Vieille route, Pont-d'Able, etc.

Carex stricta Good : Bonfol. — *C. vulgaris* Fries. — *C. acuta* : Bonfol. — *C. pilulifera* : rare, lisière alsatique ; une fois Sous-les-Côtes. — *C. montana* : commun dans la montagne, Chaignons, Croix, Caquerelle, etc ; Pont-d'Able (Roches-des-Saints). — *C. præcox* Jacq. : commun. — *C. digitata* : Ermont, etc. Pichoux, Montgremay, etc. — *C. ornithopoda* : Ruz des Seignes, du Pichoux, etc ; Ermont, Pont-d'Able, etc. — *C. alba* Scop : Ermont, *nob.*, Pont-d'Able *id.*, Côtes-du-Doubs *id.* — *C. panicea.* — *C. glauca.* — *C. maxima* Scop : Ruz du Pichoux, Bois-des-Vies de Chevenez, etc ; sentiers du Fahy vers Bure, vers Mormont, vers Varieux *nob.* ; toujours peu abondant. — *C. pallescens.* — *C. flava.* — *C. OEderi* Ehrh : Ensonlemont, grand étang de Microferme. — *C. sylvatica.* — *C. pseudocyperus* : Bonfol. — *C. vesicaria* : Bonfol, etc. — *C. ampullacea* Good. : Bonfol, etc. — *C. paludosa.* — *C. hirta.*

GRAMINÉES.

Andropogon ischœmum : infréquent, Crêts Fallaz , de St-Ursanne , etc ; Crâz , Combe-aux-Juifs, *nob.*

Setaria verticillata Beauv. — *S. viridis* Bauv. — *S. glauca* Bauv.

Phalaris arundinacea.

Alopecurus pratensis : prés de la Halle et du Creux-Genaz ; Rochette, Pont de Courtedoux , Gravier. — *A. paludosus* Bauv. : Bonfol , Vandelincourt, petit étang de Microferme *nob.* ; prés de Creux-Genaz *Vern. !* — *A. agrestis* : rare , Porrentruy, Cœuve , lisière alsatique.

Phleum pratense.

Leersia oryzoides : Bonfol.

Agrostis stolonifera : surtout Bonfol et région ; bois de Champ-Cigogne, grand étang de Microferme , etc. — *A. vulgaris* With. — *A. canina* : Bonfol ?

Calamagrostis lanceolata : Vandelincourt *Fr.!* — *C. montana* : Clôs-du-Doubs , sous le Trembiaz.

Milium effusum : commun.

Apera spica venti Bauv.

Phragmites communis Trin. : Bonfol , Cornol , Alle, Doubs.

Kœleria cristata Pers.

Aira cœspitosa : Bonfol , Alle, etc. : le Fahy, Ruz des Seignes , sentier sous Montgremay : pas commun.

Holcus lanatus.—H. mollis : infréquent, le Fahy, Rochette, Bouloie, Solier, Waldeck, etc. ; puis surtout Bonfol et région.

Arrhenaterum elatius M. K.

Avena pubescens. — *A. flavescens.*

Triodia decumbens Bauv. : rare , Bonfol ? Monterrible, selon *Fr.*

Melica ciliata : Crêts de Fallaz , St-Ursanne, la Croix , la Male-Côte, etc. ; la Perche, Ermont, Côtes de Courchavon. — *M. nutans.* — *M. uniflora* : Perche, Pont-d'Able , Sablière, Crâz, Combe Grégeaz, etc. ; Courdemaiche, etc.

Briza media.

Poa annua. — *P. bulbosa* : infréquent, vieux murs des environs du Château, Crâz , Combe-aux-Juifs, Banné , etc.

— *P. nemoralis.* : la forme *coarctata*, fréquente , la *montana*, aux Ruz du Pichoux, des Seignes , etc. — *P. trivialis.* — *P. pratensis.* — *P. compressa.*

Glyceria fluitans R Br.

Dactylis glomerata.

Cynosurus cristatus.

Festuca ovina : la forme *duriuscula*, commmune , la *curvula* fréquente sur les rochers. — *F. heterophylla* Lk. *:* lisière alsatique , Bonfol ? ; je crois l'avoir vu dans le bois de la Perche ? — *F. rubra* — *F. sylvatica* Vill. : rare , Ruz des Seignes , Bains de Bressaucourt , le Fahy, Combe Gaigneraz *nob.* — *F. gigantea* Vill. — *F. elatior.* — *F. loliacea* Huds. : prés de la Rochette , Bonne-Fontaine , Pont-d'Able , Courchavon , etc. — *F. arundinacea* : bords du Doubs selon *Fr.*

Brachypodium sylvaticum Bauv. — *B. pinnatum* Bauv.

Bromus mollis. — *B. asper.* — *B. erectus.* — *B. sterilis.* — *B. secalinus* : sous les formes *secalinus* , *grossus et velutinus.* — *B. racemosus* : rare , une fois à Courchavon *nob.*

Triticum repens : avec la forme *glaucum.* — *T. caninum* : Perche , Fahy, Courdemaiche , etc.

Lolium perenne. — *L. temulentum* : comprenant l'*arvense* With. et le *speciosum* Stev. , assez fréquent à Porrentruy, Alle , Courdemaiche , etc.

Elymus europœus : Ruz des Seignes , du Pichoux , etc , sur Mouillard, les Rangiers, etc ; Vieille-route, Combe Gaigneraz.

Nardus stricta : Bonfol ; Monterrible *Fr.*

ENDOGÈNES CRYPTOGAMES.

CHARACÉES.

Chara fœtida Br. : quelques ruisseaux des combes de la montagne , p. ex. , Mouillard. — Ce genre est presque totalement à étudier dans nos environs.

ÉQUISÉTACÉES.

Equisetum arvense. — *E. eburneum* Roth : assez fréquent

dans les combes marneuses de la montagne, p. ex. aux prés de Courtemautruy. — *E. sylvaticum* : rare, quelques points de nos montagnes, p. ex., Combe de la Seigne-dessous ; aussi dans les bois de la lisière alsatique, Courtavon. — *E. palustre:* Alle, Bonfol, etc. — *E. limosum* : lisière alsatique, fréquent, probablement Bonfol et région. — *E. hyemale* : lisière alsatique, assez fréquent ; je ne l'ai pas encore vu à Bonfol.

MARSILÉACÉES.

Marsilea quadrifolia : les petites mares à Bonfol *nob.*, abondant.

Pilularia globulifera : j'ai vu cette plante rapportée de de Bonfol, par M. Pagnard !

LYCOPODIACÉES.

Lycopodium clavatum : rare, Trembiaz *nob.*, au Fahy ? — On trouverap eut être encore une ou deux espèces de ce genre dans la région de Bonfol, dans les landes des plateaux et les combes de la montagne.

FOUGÈRES.

Botrychium lunaria Sw. : assez fréquent dans les pelouses de nos montagnes, p. ex. Faux-d'Enson, la Croix, Plain-mont ; aussi les collines.

Ophioglossum vulgatum : rare, le Fahy *Lap !* Ruz de Vâ-Berbin *nob.* ; lisière alsatique.

Grammitis ceterach Sw. : murs à Vaufrey *Vern !* 1847.

Polypodium vulgare : assez rare, région de Bonfol, bois de Vandelincourt *nob.* ; Ruz de la Combaz *nob.* — *P. robertianum* Hoffm. : assez fréquent dans les rochers de la montagne, Ruz de Vâ-Berbin, des Seignes, etc ; pied du Crêt de Montgre-may etc. — *P. dryopteris* : nous avons, je crois, cette espèce. mais je ne pourrais pas signaler de localité.

Aspidium aculeatum Sw. : assez fréquent dans les Ruz de la montagne, aussi le Fahy, la Combe Sarmère, etc.

Polystichum thelypteris Roth : lisière alsatique, Courtavon .

le Puy, etc ; peut-être Bonfol et région ; très rare du reste. —
P. filix mas Roth : assez répandu. — *P. spinulosum* DC : assez
fréquent dans les Ruz de la montagne.

Cystopteris fragilis Bernh. : commun.

Asplenium filix fœmina : assez commun. — *A. trichomanes.*
— *A. viride* Huds. : fréquent dans les rochers de la montagne, Cirque Sous-les-Roches, Ruz de Và-Berbin, des Seignes,
de Và-Benoz, sous Montgremay, etc. — *A. ruta muraria.*

Scolopendrium officinale ; assez fréquent, Bains de Bressaucourt, Ruz de Và-Berbin, des Seignes, etc. Montgremay, etc.

Pteris aquilina : commun et souvent social.

Remarque. Les plantes de ces dernières familles ont été peu
observées dans nos environs et devront être mieux étudiées.
Je n'ai donné ici ce qui concerne les Endogènes cryptogames,
que comme un complément.

Ce petit catalogue renferme environ 720 espèces dont une
trentaine douteuses, quant à leur présence ou à leur indi-
génat. Ce chiffre forme environ les 0,58 des espèces réel-
lement indigènes du Jura bernois, et les 0,36 de celles de
toute la chaîne jurassique comptée de Zurich à Grenoble.

ADDITIONS.

Rapistrum rugosum All. : cette espèce a été recueillie au pied des murs
du Creux-Genaz, près le Pont-neuf des Allées, durant l'impression de cet
opuscule, par M. Vernier.

Coronilla montana Scop : dans les abruptes du Trembiaz *Fr.*

Geranium rotundifolium : cette espèce a été rapportée de la Mâle-Côte de
Cornol, par un de nos observateurs ; je ne saurais me rappeler lequel.

Les botanistes qui voudraient observer en détail nos *Rubus fruticosus*,
trouveront dans nos environs les formes suivantes et probablement d'autres
encore : *R. dumetorum* WN. — *R. glandulosus* Bell. — *R. hirtus* WN. — *R.
rudis* WN. — *R. discolor* WN. — *R. tomentosus* WN. — *R. collinus* DC.
— *R. thyrsoideus* Wimm. — Je les ai toutes recueillies dans un rayon d'un
quart de lieue autour de Microferme. On les reconnaîtra aisément au moyen
de l'excellente *Flore de Lorraine* de M. Godron, où ce genre est parfaite-
ment étudié.

TABLE

CLASSES ET DES ORDRES.